土建类专业教材编审委员会

主 任 委 员 吴大炜

副主任委员 张保善　苏　炜　于宗保

委　　　员（按姓名汉语拼音排序）
蔡丽朋　程绪楷　代学灵　何世玲　胡义红
蒋红焰　李京杰　李九宏　吕宣照　苏　炜
孙海粟　孙加保　孙　滨　汪　绯　汪　菁
王付全　吴大炜　肖凯成　于宗保　张保善
张兴昌　周建郑

教育部高职高专规划教材

建筑施工组织

第二版

吕宣照　主编　　李京杰　副主编

JIANZHU
SHIGONG
ZUZHI

化学工业出版社

·北京·

本书内容主要包括流水施工的基本原理、网络计划技术、施工准备工作、单位工程施工组织设计等。在编写过程中，紧密结合课程教学的基本要求，吸收了近年来实践的新成果，注重实用性、新颖性和可操作性，力求做到内容全面、科学规范、富有特色。书中每章后附有复习思考题，以便巩固所学知识。

　　本书为高职高专、成人高校和民办高校建筑工程技术、建筑工程管理、工程造价、工程监理等相关专业的教材，也可作为广大企业专业管理人员自学、培训、进修的参考书。

图书在版编目（CIP）数据

建筑施工组织/吕宣照主编. —2版. —北京：化学工业出版社，2013.6（2023.2重印）
教育部高职高专规划教材
ISBN 978-7-122-17222-8

Ⅰ.①建… Ⅱ.①吕… Ⅲ.①建筑工程-施工组织-高等职业教育-教材　Ⅳ.①TU721

中国版本图书馆CIP数据核字（2013）第091576号

责任编辑：王文峡　　　　　　　　　　装帧设计：尹琳琳
责任校对：宋　夏

出版发行：化学工业出版社（北京市东城区青年湖南街13号　邮政编码100011）
印　　装：北京科印技术咨询服务有限公司数码印刷分部
787mm×1092mm　1/16　印张10½　字数251千字　2023年2月北京第2版第4次印刷

购书咨询：010-64518888　　　　　　　售后服务：010-64518899
网　　址：http://www.cip.com.cn
凡购买本书，如有缺损质量问题，本社销售中心负责调换。

定　　价：39.00元　　　　　　　　　　　　　　　　　　版权所有　违者必究

前 言

本教材第一版出版以来，广大读者给予了充分的肯定，也提出许多建设性的建议，编者在此表示感谢。近几年来，随着国家颁布《危险性较大的分部分项工程安全管理办法》、《建筑施工模板安全技术规范》、《建筑施工扣件式钢管脚手架安全技术规范》、《建筑节能工程施工质量验收规范》、《砌体结构工程施工质量验收》和《混凝土结构工程施工质量验收规范》等相关法律法规和规范的更新，以及新材料、新技术、新工艺和新设备的使用，教材中部分内容已不能满足相关法律法规的要求和工程实际，为了使教材内容符合相关法律法规的要求，且更加贴近工程实际，更好地满足高职高专课程教学的需要，编者结合新颁布的相关法律法规以及多年来实践工作和教学工作的经验，对原教材的部分内容进行了调整和完善，希望对高职高专教学工作有所帮助。

本书由吕宣照任主编，李京杰任副主编。其中第一、二章由吕宣照编写，第三、四章由李京杰编写，第五、六章由肖凯成编写。由吕宣照执笔修订。

由于编者水平所限，修订后的教材仍难免存在不足之处，恳请读者批评和指正。

编者
2013 年 4 月

第一版前言

根据教育部高职高专课程教学基本要求，结合新标准、新规范、新法规，以必需、够用为原则确定本书编写大纲和内容。在编写过程中，紧密结合课程教学的基本要求，吸收了近年来实践的新成果，全面、系统地阐述了建筑施工组织的原理、方法及应用实践，注重实用性、新颖性和可操作性，力求做到内容全面、科学规范、富有特色。通过建筑施工组织的学习，明确基本建设的概念和步骤，了解它与建筑施工的关系，掌握建筑施工的特点；在学习流水施工和网络计划的基础上，着重讲述单位工程施工组织设计的内容、方法和步骤；掌握一般民用住宅建筑、框架结构工程和单层工业厂房的施工组织设计编制方法。每章后附有复习思考题，以便巩固所学的知识。

本书可作为高等职业学校、高等专科学校、职业技术学院、成人高等学校和民办高校房屋建筑工程、工程管理、工程造价管理、工程监理等专业的教材，也可作为广大建筑企业专业管理人员自学、培训、进修的参考书。

本书由吕宣照担任主编，负责对全书的组织统一，修改定稿，并编写第一、二章；李京杰担任副主编，并编写第三、四章；肖凯成编写第五、六章。

本书在编写过程中，参考了大量公开出版发行的有关施工组织与管理的书籍等参考文献，在此谨向其作者表示衷心的感谢。

由于编者水平所限，本书难免存在疏漏和不足之处，恳请读者批评和指正。

编者

2005 年 3 月

目 录

第一章 概述 ··· 1
第一节 基本建设与建筑施工 ··· 1
一、基本建设及其内容构成 ··· 1
二、基本建设项目及其内容 ··· 1
三、基本建设程序 ··· 2
四、建筑施工程序 ··· 4
第二节 建筑产品施工特点与施工组织设计 ··· 6
一、建筑产品的特点 ··· 6
二、建筑产品施工的特点 ··· 7
三、建筑施工组织的分类及其主要内容 ··· 8
第三节 施工组织设计基本原则 ··· 9
一、编制施工组织设计的基本原则 ··· 9
二、施工组织设计的编制必须遵循工程建设程序 ··· 12
三、施工组织设计的编制与审批 ··· 12
四、施工组织设计应实行动态管理并符合下列规定 ··· 12
五、施工组织设计(方案)的审查程序 ··· 12
六、审查施工组织设计时应掌握的原则 ··· 13
七、施工组织设计审查的注意事项 ··· 14
八、施工组织设计的贯彻 ··· 14
复习思考题 ··· 14

第二章 流水施工的基本原理 ··· 15
第一节 流水施工的基本概念 ··· 15
一、施工组织的三种组织方式 ··· 15
二、组织流水施工的要点和条件 ··· 20
第二节 流水施工的基本参数 ··· 22
一、流水施工参数的基本概念 ··· 22
二、工艺参数 ··· 22
三、空间参数 ··· 24
四、时间参数 ··· 27
第三节 流水施工的组织方法 ··· 30
一、流水施工的分类 ··· 30
二、流水施工的组织方法 ··· 31
复习思考题 ··· 34

第三章 网络计划技术 ··· 36
第一节 进度计划的表示方法 ··· 36

第二节　一般规定 …………………………………………………………………… 37
　　一、网络图、网络计划、网络计划技术 …………………………………………… 37
　　二、工作和虚工作 …………………………………………………………………… 37
　　三、逻辑关系、工艺关系、组织关系 ……………………………………………… 39
　　四、紧前工作、紧后工作、平行工作 ……………………………………………… 39
　　五、线路和线路段 …………………………………………………………………… 40
　　六、先行工作和后续工作 …………………………………………………………… 40
　　七、双代号网络图、单代号网络图 ………………………………………………… 40
第三节　网络图的绘制原则 ………………………………………………………… 40
　　一、双代号网络图的绘制原则 ……………………………………………………… 40
　　二、单代号网络图的绘制原则 ……………………………………………………… 42
第四节　网络图的绘制 ……………………………………………………………… 44
　　一、双代号网络图绘制方法 ………………………………………………………… 44
　　二、单代号网络图的绘制 …………………………………………………………… 45
第五节　网络计划的时间参数计算 ………………………………………………… 46
　　一、网络计划的时间参数概念 ……………………………………………………… 46
　　二、双代号网络计划时间参数计算 ………………………………………………… 49
　　三、单号代网络计划时间参数计算 ………………………………………………… 56
第六节　双代号时标网络计划 ……………………………………………………… 60
　　一、时标网络计划的编制方法 ……………………………………………………… 60
　　二、时标网络计划中时间参数的确定 ……………………………………………… 63
　　三、时标网络计划的坐标体系 ……………………………………………………… 65
　　四、形象进度计划表 ………………………………………………………………… 66
第七节　网络计划的优化 …………………………………………………………… 67
　　一、工期优化 ………………………………………………………………………… 67
　　二、费用优化 ………………………………………………………………………… 70
　　三、资源优化 ………………………………………………………………………… 76
复习思考题 …………………………………………………………………………… 78

第四章　施工准备工作
第一节　施工准备工作的意义、内容与要求 ……………………………………… 80
　　一、施工准备工作的意义 …………………………………………………………… 80
　　二、施工准备工作的分类和内容 …………………………………………………… 80
　　三、施工准备工作的要求 …………………………………………………………… 81
第二节　调查研究与收集资料 ……………………………………………………… 83
　　一、原始资料的调查 ………………………………………………………………… 83
　　二、参考资料的收集 ………………………………………………………………… 88
第三节　技术资料的准备 …………………………………………………………… 92
　　一、熟悉与会审图纸 ………………………………………………………………… 92
　　二、编制施工组织设计 ……………………………………………………………… 93
　　三、编制施工图预算和施工预算 …………………………………………………… 93
第四节　施工现场的准备 …………………………………………………………… 93

  一、拆除障碍物 ……………………………………………………………………… 93
  二、"三通一平"工作 ……………………………………………………………… 93
  三、测量放线 ………………………………………………………………………… 94
  四、临时设施的搭设 ………………………………………………………………… 94
 第五节 劳动力及物资的准备 …………………………………………………………… 94
  一、施工队伍的准备 ………………………………………………………………… 94
  二、施工物资的准备 ………………………………………………………………… 95
 第六节 冬期和雨期施工准备 …………………………………………………………… 95
  一、冬期施工的准备工作 …………………………………………………………… 95
  二、雨期施工的准备工作 …………………………………………………………… 95
 复习思考题 ………………………………………………………………………………… 96

第五章 单位工程施工组织设计 …………………………………………………………… 97
 第一节 单位工程施工组织设计的内容、编制依据和程序 ………………………… 97
  一、单位工程施工组织设计的内容 ………………………………………………… 97
  二、单位工程施工组织设计的编制依据 …………………………………………… 99
  三、单位工程施工组织设计编制程序 ……………………………………………… 99
 第二节 工程概况和施工特点分析 ……………………………………………………… 100
  一、工程概况 ………………………………………………………………………… 100
  二、工程施工特点的分析 …………………………………………………………… 101
 第三节 施工方案的选择 ………………………………………………………………… 101
  一、单位工程的施工顺序 …………………………………………………………… 101
  二、单位工程的施工起点流向 ……………………………………………………… 106
  三、选择施工方法和施工机械 ……………………………………………………… 107
  四、施工方案的技术经济分析 ……………………………………………………… 108
 第四节 施工进度计划 …………………………………………………………………… 109
  一、施工进度计划的概念 …………………………………………………………… 110
  二、单位工程施工进度计划的作用 ………………………………………………… 110
  三、单位工程施工进度计划的编制依据 …………………………………………… 110
  四、单位工程施工进度计划编制程序 ……………………………………………… 110
  五、划分施工过程 …………………………………………………………………… 110
  六、计算工程量 ……………………………………………………………………… 111
  七、计算劳动量和机械台班量 ……………………………………………………… 111
  八、确定分部分项工程的持续时间 ………………………………………………… 112
  九、施工进度计划的实时监测与调整 ……………………………………………… 112
 第五节 施工准备工作及劳动力和物资需要量计划 ………………………………… 113
  一、施工准备工作计划 ……………………………………………………………… 113
  二、劳动力需要量计划 ……………………………………………………………… 113
  三、施工机械需要量计划 …………………………………………………………… 113
  四、主要材料及构件需要量计划 …………………………………………………… 114
  五、运输计划 ………………………………………………………………………… 114
  六、单位工程施工进度计划评价指标 ……………………………………………… 114

  第六节 施工平面图设计 ··· 115
   一、单位工程施工平面图设计内容 ··· 115
   二、施工平面图设计原则 ··· 115
   三、单位工程施工平面图设计依据 ··· 116
   四、单位工程施工平面图设计步骤 ··· 117
   五、单位工程施工平面图评价指标 ··· 124
  第七节 主要技术组织措施 ··· 125
   一、工艺技术措施 ·· 125
   二、保证工程质量措施 ·· 125
   三、安全施工措施 ·· 125
   四、降低成本措施 ·· 126
   五、现场文明施工措施 ·· 126
   六、施工组织设计技术经济分析 ·· 126
  复习思考题 ··· 128
第六章 单位工程施工组织设计实例 ··· 129
  第一节 砖混结构宿舍工程施工组织设计 ··· 129
   一、工程概况 ··· 129
   二、施工方案和施工方法 ··· 130
   三、施工进度计划 ·· 131
   四、劳动力、施工机具、主要建筑材料需要量计划 ································· 131
   五、施工平面图 ··· 131
   六、质量和安全措施 ··· 131
  第二节 框架结构工程施工组织设计 ··· 135
   一、工程概况 ··· 135
   二、施工方案 ··· 136
   三、施工进度计划 ·· 142
   四、施工平面布置图 ··· 144
   五、施工组织措施 ·· 146
  第三节 框架剪力墙工程施工组织设计 ·· 148
   一、工程概况 ··· 148
   二、施工部署及工程进度计划 ·· 148
   三、主要分部分项工程施工方法及技术措施 ·· 149
   四、施工准备工作 ·· 152
   五、采用新技术、新工艺和新材料 ·· 153
   六、保证进度措施 ·· 153
   七、质量目标及保证措施 ··· 153
   八、安全目标及安全生产保证措施 ·· 154
   九、施工现场管理 ·· 155
   十、主要机具、设备计划 ··· 156
   十一、主要工种劳动力需要量计划 ·· 156
参考文献 ·· 157

第一章 概　　述

第一节　基本建设与建筑施工

一、基本建设及其内容构成

基本建设是固定资产的建设，也就是指建造、购置和安装固定资产的活动以及与此有关的其他工作。

1. 基本建设内容构成

（1）固定资产的建筑和安装

包括建筑物和构筑物的建造与机械设备的安装两部分工作。

建筑工程主要包括各种建筑物（如厂房、宿舍、教学楼、仓库、办公楼等）和构筑物（如烟囱、水塔、水池等）的建造工程。

安装工程主要包括生产设备、电气、管道、通风空调、自动化仪表、工业窑炉砌筑等。

固定资产的建筑和安装工作，必须通过施工活动才能实现，是基本建设的重要组成部分。

（2）固定资产的购置

包括各种机械、设备、工具和器具的购置。

（3）其他基本建设工作

主要是指勘察设计、土地征购、拆迁补偿、建设单位管理、科研实验等工作以及它们所需要的费用等。

基本建设的范围包括新建、扩建、改建、恢复和迁建各种固定资产的建设工作。

2. 基本建设单位

凡具有独立计划任务书和总体设计，经济上实行独立核算，行政上具有独立组织形式，执行基本建设投资的企业或事业的基层单位称为基本建设单位，简称建设单位。基层单位的名称就是建设单位的名称。

二、基本建设项目及其内容

基本建设项目，简称建设项目。凡是按一个总体设计组织施工，建成后具有完整的系统，可以独立地形成生产能力或使用价值的建设工程，称为一个建设项目。在工业建设中，一般以拟建厂矿企业单位为一个建设项目，如一个钢铁厂、一个纺织厂等。在民用建设中，一般以拟建机关事业单位为一个建设项目，如一所学校、一所医院等。对大型分期建设的工程，如果分为几个总体设计，则就有几个建设项目。

基本建设项目可以从不同的角度进行划分。例如，按建设项目的性质可分为新建、扩建、改建、恢复和迁建项目；按建设项目的用途可分为生产性建设项目（包括工业、农田水利、交通运输及邮电、商业和物质供应、地质资源勘探等建设项目）和非生产性建设项目（包括住宅、文教、卫生、公用生活服务事业等建设项目）；按建设项目的规模大小可分为大型、中型、小型建设项目；按建设项目的投资主体可分为国家投资、地方政府投资、企业投资、"三资"企业以及各类投资主体联合投资的建设项目；按国民经济各行业性质和特点分为竞争性项目、基础性项目和公益性项目。

一个建设项目，按其复杂程度，一般可由以下工程内容组成。

1. 单项工程

凡是具有独立的设计文件，竣工后可以独立发挥生产能力或效益的一组配套齐全的工程项目，称为一个单项工程。一个建设项目，可由一个单项工程组成，也可由若干个单项工程组成。生产性建设项目的单项工程一般是指能独立生产的车间，包括厂房建筑，设备的安装，设备、工具、器具、仪器的购置等；非生产性建设项目的单项工程，如学校的教学楼、宿舍楼、图书馆、食堂等。

单项工程的施工条件往往具有相对的独立性，因此，一般单独组织施工和竣工验收。单项工程体现了建设项目的主要建设内容，是新增生产能力或工程效益的基础。

2. 单位工程

单位工程是单项工程的组成部分，一般是指具有单独设计图纸，可以独立施工，但完工后不能独立发挥生产能力或效益的工程。一个单位工程，通常是指一个单体建筑物或构筑物。对民用住宅工程而言，可能包括一栋以上同类设计、位置临近、同时施工的房屋建筑工程或一栋主体建筑及其附带辅助建筑物。一个单位工程往往不能单独形成生产能力或发挥工程效益，只有在几个有机联系、互为配套的单位工程全部建成竣工后才能交付生产和使用。例如，民用建筑物单位工程必须和室外各单位工程构成一个单项工程系统，工业车间厂房必须与工业设备安装单位工程以及室外各单位工程配套完成，形成一个单项工程交工系统才能具有生产能力。

3. 分部工程

分部工程是建筑物按单位工程的部位划分的，亦即单位工程的进一步分解。例如，一幢房屋的土建单位工程，按其结构或构造部位，可以划分为基础、主体、装修等分部工程；按其工种工程可划分为土石方工程、砌筑工程、钢筋混凝土工程、防水工程、装饰工程等；按其质量检验评定要求可划分为地基与基础工程、主体工程、装饰工程等。

4. 分项工程

分项工程是分部工程的组成部分，一般是按工种划分，也是形成建筑产品基本构件的施工过程，例如挖土、混凝土垫层、砌砖基础、填土等分项工程；现浇钢筋混凝土框架结构的主体，可以划分为安装模板、绑扎钢筋、浇筑混凝土等分项工程。分项工程是建筑施工生产活动的基础，也是计量工程用工用料和机械台班消耗的基本单元，同时又是工程质量形成的直接过程。分项工程既有其作业活动的独立性，又有相互联系、相互制约的整体性。

三、基本建设程序

基本建设程序是拟建建设项目在整个建设过程中必须遵循的客观规律，它是几十年我国基本建设工作实践经验的科学总结，反映了整个建设过程中各项工作必须遵循的先后次序。

基本建设程序，一般可划分为决策、准备、实施这三个阶段。

1. 基本建设项目及其投资的决策阶段

这个阶段是根据国民经济长、中期发展规划，进行建设项目的可行性研究，编制建设项目的计划任务书（又称设计任务书）。其主要工作包括调查研究，经济论证，选择与确定建设项目的地址、规模和时间要求等。

(1) 可行性研究

可行性研究是对拟建项目的一些主要问题进行调查研究和综合论证的工作。其主要问题是：为何要建设这个项目，该项目在技术上是否先进、适用、可行，在经济上是否合理、能否盈利，需要多少资源、多少时间和多少投资，怎样筹集资金，经济效益是否显著，预计成功的把握有多大等。在对这些问题进行了调查研究和综合论证后，即可做出可行性研究报告，得出明确的结论，作为投资决策机构判断拟建项目是否可行的依据。经批准的可行性研究报告是编制计划任务书的依据。

(2) 计划任务书（又称设计任务书）

计划任务书是对可行性研究得出的结论再进行深入研究的工作，是确定拟建项目的规模、地址、布置和建设时间等的重要文件。编制计划任务书时，要进一步分析项目的利弊得失，落实各项建设条件，审核各项技术经济指标，选择和确定建设地址。例如，选择建设地址主要应考虑三个问题：一是工程地质、水文地质等自然条件是否可靠；二是建设时所需要的水、电运输条件等是否落实；三是投产后的原材料、燃料等是否具备。经批准的计划任务书是设计单位着手设计的依据。

2. 基本建设项目及其投资的准备阶段

这个阶段主要是根据批准的计划任务书，进行勘察设计，做好建设准备，安排建设计划。其主要工作包括工程地质勘察，进行初步设计、技术设计（或扩大初步设计）和施工图设计，编制设计概算，设备订货，征地拆迁，编制分年度的投资及项目建设计划等。

(1) 设计文件

设计文件是安排建设项目和建筑施工的主要依据。设计文件一般由建设单位通过招标投标或直接委托设计单位编制。编制设计文件时，应根据批准的可行性研究报告和计划任务书，将建设项目的要求逐步具体化为可用于指导建筑施工的工程图纸及其说明书。对一般不太复杂的中小型项目多采用两阶段设计，即扩大初步设计（或称初步设计）和施工图设计；对重要的、复杂的、大型的项目，经主管部门指定，可采用三阶段设计，即初步设计、技术设计和施工图设计。

初步设计是对批准的计划任务书所提出的内容进行概略的设计，做出初步的规定。技术设计是在初步设计的基础上，进一步确定建筑、结构、设备等的技术要求。施工图设计是在前一阶段的基础上进一步形象化、具体化、明确化，完成建筑、结构、水、电、气、工业管道等全部施工图纸、工程说明书、结构计算书以及施工图设计概（预）算等。

(2) 建设准备

建设准备工作在计划任务书批准后就可着手进行。其主要内容是：工程地质勘察，收集设计基础资料，组织设计文件的编审，提出资源申请计划，组织大型专用设备预安排和特殊材料预订货，办理征地拆迁手续，落实水、电、气源、交通运输及施工力量等。

(3) 建设计划安排

建设项目的初步设计和总概算经过批准，并进行综合平衡后，才能列入年度计划。建设项目列入年度计划是取得建设贷款或拨款和进行建设准备工作的主要依据。在安排年度建设计划时，必须按照量力而行的原则，根据批准的工期和总概算，结合当年落实的投资、材料、设备，合理安排年度投资计划，使其与中长期计划相适应，保证建设的节奏性和连续性。

3. 基本建设项目及其投资的实施阶段

这个阶段主要是根据设计图纸，进行建筑安装施工，做好生产或使用准备，进行竣工验收，交付生产或使用。

（1）建筑施工

建筑施工是基本建设程序中的一个重要环节。要做到计划、设计、施工三个环节互相衔接，投资、工程内容、施工图纸、设备材料、施工力量五个方面的落实，以保证建设计划的全面完成。施工前要认真做好图纸会审工作，编制施工图预算和施工组织设计，明确投资、进度、质量的控制要求。施工中要严格按照施工图施工，如需变动应取得设计单位同意；要坚持合理的施工程序和顺序；要严格执行施工验收规范，按照质量检验评定标准进行工程质量验收，确保工程质量。对质量不合格的工程要及时采取措施，不留隐患。不合格的工程不得交工。施工单位必须按合同规定的内容全面完成施工任务，不留尾巴。

（2）使用（或生产）准备

建设单位在整个建设过程中，要有计划有步骤地一面抓好工程建设，一面做好建设项目的使用（或生产）准备。工业建设项目在投产前的准备工作主要有：招收和培训生产职工，组织生产人员参加设备的安装、调试和工程验收，使其掌握生产技术和工艺流程；组织好生产指挥管理机构，制定管理的规章制度，收集生产技术资料和产品样品等；落实生产所需的原材料、燃料、水、电、气等的来源和其他协作配合条件；组织生产所需要的工具、器具、备品、备件等的购置或制造。

（3）竣工验收、交付使用

按批准的设计文件和合同规定的内容建成的工程项目，其中生产性项目经负荷试运转和试生产合格，并能够生产合格产品的，非生产性项目符合设计要求，能够正常使用的，都要及时组织验收，办理移交固定资产手续。竣工验收前，建设单位要组织设计、施工等单位进行初验，向主管部门提出竣工验收报告，系统整理技术资料，绘制竣工图，并编好竣工决算，报上级主管部门审查。

基本建设程序可分为八个步骤进行，图1-1反映了基本建设程序的三个阶段及八个步骤的相互关系。基本建设各项工作的先后顺序，一般不能违背与颠倒，但在具体工作中有互相交叉平行的情况。

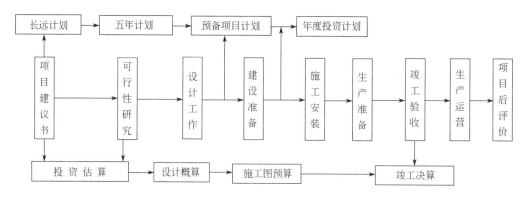

图 1-1 大中型和限额以上项目基本建设程序

四、建筑施工程序

建筑施工程序是指工程建设项目在整个施工阶段各项工作所必须遵循的顺序，它是经多年施工实践经验的总结，也反映了施工过程中必须遵循的客观施工规律。一般是指从接受施工任务直到竣工验收所包括的主要阶段的先后次序。通常可分为五个阶段：确定施工任务阶段、施工规划阶段、施工准备阶段、组织施工阶段和竣工验收阶段。其先后顺序和内容如下。

1. 落实施工任务，签订施工合同

随着我国市场经济的发展，建筑市场推行招标承包制，建筑市场竞争机制、价格机制和供求机制逐步完善，施工企业承接施工任务的方式主要是参加社会公开的投标而中标得到的任务。国家直接下达任务的施工已逐渐减少，在市场经济条件下，建筑施工企业和项目业主自行承接和委托的方式较多；实行了招标投标的方式发包和承包建筑施工任务，是建筑业和基本建设管理体制改革的一项重要措施。

无论用哪种方式承接施工项目，承包单位均必须同项目业主签订施工合同。签订了施工合同的施工项目，才算落实了的施工任务。当然签订合同的施工项目，必须是经项目业主主管部门正式批准的，有计划任务书、初步设计和总概算，已列入年度基本建设计划，落实了投资的。否则不能签订施工合同。

建筑工程合同是项目业主与承包单位根据《中华人民共和国经济合同法》、《建筑安装工程承包合同条例》以及有关规定而签订的具有法律效力的文件。它明确了双方的责任、权利关系，是运用市场经济体制组织项目实施的基本手段。双方必须严格履行合同，任何一方不履行合同，给对方造成的经济损失，都要负法律责任和进行赔偿。

2. 统筹安排，做好施工规划

施工企业与建设单位签订施工合同后，施工总承包单位应全面了解工程性质、规模、特点、工期等，在调查分析资料的基础上，拟订施工规划，编制施工组织设计，部署施工力量，安排施工总进度，确定主要工程施工方案，规划整个施工现场，统筹安排，做好全面施工规划，经批准后，便可组织施工先遣人员进入现场，与项目业主密切配合，做好施工规划中确定的各项全局性施工准备工作，为建设项目全面正式开工创造条件。

3. 做好施工准备，提出开工报告

施工准备工作是建筑施工顺利进行的根本保证。施工准备工作主要有技术准备、物资准备、劳动组织准备、施工现场准备和施工场外准备。当一个施工项目进行了图纸会审，编制和批准了单位工程施工组织设计、施工图预算和施工预算；组织好材料、半成品和构配件的生产和加工运输，组织施工机具进场，搭设了临时建筑物，建立现场管理机构，调遣施工队伍，拆迁原有建筑物，搞好"三通一平"，进行了场区测量和建筑物定位放线等准备工作。根据施工组织设计的规划，抓紧落实各项准备工作。具备开工条件后，提出开式报告，经审查批准后，即可正式开工。

4. 精心组织施工，加强各项管理

组织拟建工程的全面施工是建筑施工全过程中最重要的阶段。它必须在开工报告批准后，才能开始。它是把设计者的意图、项目业主的期望变成确实的建筑产品的加工制作过程。必须严格按照设计图纸和施工规范的要求，采用施工组织规定的方法和措施，完成全部的分部分项工程施工任务。这个过程决定了施工工期、产品的质量和成本以及建筑施工企业的经济效益。因此，在施工中要跟踪检查，进行进度、质量、成本和安全控制，保证达到预期的目的。施工过程中，往往有多单位、多专业进行协作，要加强现场指挥、调度，进行多方面的平衡和协调工作。在有限的场地上投入大量的材料、构配件、机具和工人，应进行全面统筹安排，组织均衡连续地施工。

5. 进行竣工验收，交付生产使用

竣工验收、交付使用是建筑施工的一个阶段，同时也是建设项目建设程序的一个阶段，工作内容和要求相同。在交工验收前，承包单位应先进行验收，检查各分部分项工程的施工质量，整理各项交工验收的技术经济资料，合格后，提出竣工验收申请报告，经监理单位预验收合格，签署意见后报项目业主，由项目业主组织有关技术方面的专家进行竣工验收，合格后交付生产使用。

建筑工程施工程序如图 1-2 所示。

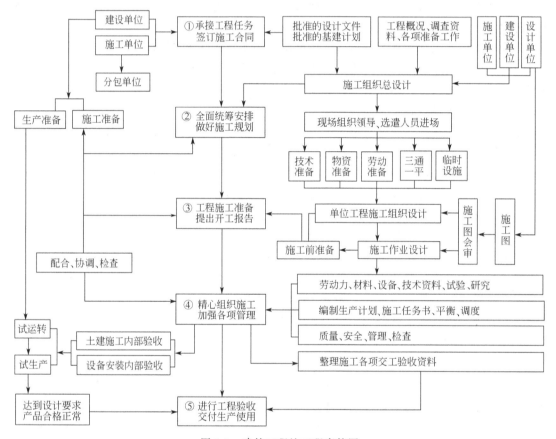

图 1-2　建筑工程施工程序简图

第二节　建筑产品施工特点与施工组织设计

建筑产品是指建筑企业通过施工活动生产出来的产品。它主要分为建筑物和构筑物两大类。建筑产品与一般其他工业产品相比较，其本身和施工都具有一系列的特点。

一、建筑产品的特点

1. 建筑产品在空间上的固定性

一般的建筑产品均由自然地面以下的基础和自然地面以上的主体两部分组成。基础承受其全部荷载，并传给地基，同时将主体固定在地面上。任何建筑产品都是在选定的地点上建造和使用。一般情况，它与选定地点的土地不可分割，从建造开始直至拆除均不能移动。所以，建筑产品的建造和使用地点是统一的，且在空间上是固定的。

2. 建筑产品的多样性

建筑产品不仅要满足复杂的使用功能的要求，建筑产品所具有的艺术价值还要体现出地方的或民族的风格、物质文明和精神文明程度，建筑设计者的水平和技巧及建设者的欣赏水平和爱好，同时也因受到地点的自然条件诸因素的影响，而使建筑产品在规模、建筑形式、构造、结构和装饰等方面具有千变万化的差异。

3. 建筑产品的体形庞大性

无论是复杂的建筑产品，还是简单的建筑产品，均是为构成人们生活和生产的活动空间或满足某种使用功能而建造的。建造一个建筑产品需要大量的建筑材料、制品、构件和配件。因此，一般的建筑产品要占用大片的土地和高耸的空间。建筑产品与其他工业产品相比较其体形格外庞大。

二、建筑产品施工的特点

由于建筑产品本身的特点，决定了建筑产品施工过程具有以下特点。

1. 建筑产品生产的流动性

建筑产品地点的固定性决定了产品生产的流动性。在建筑产品的生产中，工人及其使用的机具和材料等不仅要随着建筑产品建造地点的不同而流动生产，而且还要在建筑产品的不同部位而流动生产。施工企业要在不同地区进行机构迁移或流动施工。在施工项目的施工准备阶段，要编制周密的施工组织设计，划分施工区段或施工段，使流动生产的工人及其使用的机具和材料相互协调配合，使建筑产品的生产连续均衡地进行。

2. 建筑产品生产的单件性

建筑产品地点的固定性和类型的多样性决定了产品生产的单件性。每个建筑产品应在国家或地区的统一规划内，根据其使用功能，在选定的地点上单独设计和单独施工。即使是选用标准设计、通用构件或配件，由于建筑产品所在地区的自然、技术、经济条件的不同，其施工组织和施工方法等也要因地制宜，根据施工时间和施工条件而确定，而使各建筑产品生产具有单件性。

3. 建筑产品生产的地区性

由于建筑产品的固定性决定了同一使用的建筑产品因其建筑地点不同，也会受到建设地区的自然、技术、经济、社会生活条件和其他条件的约束，从而使其建筑形式、结构、装饰设计、材料和施工组织等均不一样。因此建筑产品生产具有地区性。

4. 建筑产品生产周期长

建筑产品的固定性和体形庞大的特点决定了建筑产品周期长。因为建筑产品体形庞大，使得最终建筑产品的建成必然耗费大量的人力、物力和财力。同时，建筑产品的生产过程还要受到工艺流程和生产程序的制约，使各专业、工种间必须按照合理的施工顺序进行配合和衔接。又由于建筑产品地点的固定性，使施工活动的空间具有局限性，从而导致建筑产品生产具有生产周期长，占用流动资金大的特点。

5. 建筑产品生产的露天作业多

建筑产品地点的固定性和体形庞大的特点，使建筑产品不可能在工厂、车间内直接进行施工，即使建筑产品生产达到高度的工业化水平的时候，仍然需要在施工现场内进行总装配后，才能形成最终建筑产品。

6. 建筑产品生产的高空作业多

由于建筑产品体形庞大，特别是随着城市现代化的进展，高层建筑物的施工任务日益增多,建筑产品生产高空作业多的特点日益明显。

7. 建筑产品生产协作单位多

建筑产品生产涉及面广,在建筑企业内部,要在不同时期和不同建筑产品上组织多专业、多工种的综合作业。在建筑企业的外部,需要不同种类的专业施工企业以及城市规划、土地征用、勘察设计、公安消防、公用事业、环境保护、质量监督、科研试验、交通运输、银行财务、物资供应等单位和主管部门协作配合。

三、建筑施工组织的分类及其主要内容

1. 施工组织设计的任务

施工组织设计的任务是在国家的建设路线、方针和政策指导下,从施工全局出发,根据各种具体条件,拟定工程施工方案,确定施工程序、施工顺序、施工方法、劳动组织、技术组织措施,安排施工进度和劳动力及各种资源的供应,对运输、道路、场地利用、水电能源保证等现场设施的布置和建设做出规划,把设计和施工、技术和经济、前方和后方、企业的全局活动和工程的施工组织,把施工中的各单位、各部门、各阶段以及各项目之间的关系等更好地协调起来,使施工建立在科学合理的基础上,做到人尽其力,物尽其用的效果,取得最好的经济效益。具体来讲,施工组织设计的任务就是要对具体的拟建工程的施工准备工作和整个施工过程,在人力和物力、时间和空间、技术和组织上做出一个全面而合理的,符合好、快、省、安全要求的优化方案。

① 确定开工前必须完成的各项准备工作;

② 在具体的工程项目施工中,正确贯彻国家的方针、政策、法令和有关规程、规范;

③ 从施工的全局出发,确定施工方案,做好施工部署,选择施工方法和施工机具;

④ 合理安排施工程序、施工步骤、相互衔接与搭接以及各工序的工作时间,从而确定施工进度计划,确保工程按规定的工期完成;

⑤ 合理计算各种物质资源和劳动资源的需要量,以便及时组织供应;

⑥ 综合考虑并合理布置施工现场的总平面;

⑦ 提出切实可行的施工技术组织措施和安全文明施工措施。

2. 施工组织设计的分类与内容

施工组织设计是一个总的概念。根据其作用、性质、编制对象和阶段的不同,一般分为施工组织总设计、单位工程施工组织设计和分部工程施工组织设计。

(1) 施工组织总设计

施工组织总设计是以一个大中型工业建设项目、单项工程或民用建筑群为对象,一般在扩大初步设计阶段以设计单位或施工单位为主编制的。它是对整个建设工程或建筑群的全面规划和总的战略性部署,是指导全局施工的文件。其主要内容包括以下几个方面。

① 工程概况 包括建设项目的特征、建设地区的特征、施工条件、其他有关项目建设的情况。

② 施工部署和施工方案 包括施工任务的组织分工和安排、重要单位工程的施工方案、主要工种工程的施工方法及施工准备工作安排。

③ 施工总进度计划 用以控制总工期及各单位工程的工期和相互搭接关系。

④ 施工准备工作计划 包括现场测量,现场"四通一平"工作,劳动力及各种资源需要量,大型临时设施工程,施工用水、电、路及场地平整的作业的安排等。

⑤ 施工总平面图 对建筑空间及现场平面的合理利用进行设计和布置。

⑥ 技术组织措施和技术经济指标　包括确保工程质量的主要技术组织措施，保证施工安全的技术组织措施，节约投资、降低成本的主要技术组织措施，新技术、新材料、新工艺的研制、实验、试用、推广，冬雨季施工技术组织措施等。

施工组织总设计编制完成后，进行技术经济分析比较，从中选择最优方案。

（2）单位工程施工组织设计

单位工程施工组织设计是以单位工程为对象，一般在施工阶段由施工单位依据施工详图和施工组织总设计编制的，是具体指导施工的技术性文件。它服从于全局性的施工组织总设计，内容也包括以下几个方面。

① 工程概况　主要包括工程特点、建设地点的特征和施工条件等内容。

② 施工方案和施工方法　是施工组织设计的核心，将直接关系到施工过程的施工效率、质量、工期、安全和技术经济效果。一般包括确定合理的施工顺序、合理的施工起点流向、合理的施工方法和施工机械的选择及相应的技术组织措施等。

③ 施工进度计划　依据流水施工原理，编制各分部分项工程的进度计划，确定其平行搭接关系。合理安排其他不便组织流水施工的某些工序。

④ 施工准备工作及各项资源需要量计划　作业条件的施工准备工作，要编制详细的计划，列出施工准备工作的内容，要求完成的时间，负责人等。根据施工进度计划等有关资料，编制劳动力、各种主要材料、构件和半成品及各种施工机械的需要量计划。

⑤ 施工平面图　单位工程施工平面图的内容与施工总平面图的内容基本一致，只是针对单位工程更详细、具体。

⑥ 主要技术组织措施　技术组织措施是指在技术和组织方面对保证质量、安全、节约和文明施工所采用的方法和措施。主要包括质量技术措施、安全施工措施、降低成本措施和现场文明施工措施。

（3）分部工程施工组织设计

分部工程施工组织设计是以技术复杂的主要分部工程为对象，如大体积混凝土浇筑、轧钢厂的设备基础工程、焦化车间的筑炉工程、大型公共建筑的网架屋盖安装工程和高级装修工程等编制的施工组织设计，用以具体指导分部工程的施工。

第三节　施工组织设计基本原则

施工组织设计根据工程特点和施工的各种具体条件科学地拟定了施工方案，确定了施工顺序、施工方法、技术组织措施和安全文明施工措施，安排了施工进度，确定了施工现场的平面布置，保证拟建工程按照合同要求顺利完成。经验证明，一个好的施工组织设计，能反映客观实际，能符合国家的全面要求，并且能认真地贯彻执行，施工就可以有条不紊地进行，使施工组织与管理工作经常处于主动地位，取得"好、快、省"和安全的效果。相反，没有好的施工组织设计或没有施工组织设计或有好的施工组织设计施工中不贯彻执行，就很难正确地组织具体工程的施工，工作经常处于被动状态，难以完成施工任务和预定目标。因此，施工组织设计的编制及实施是项目施工的关键。

一、编制施工组织设计的基本原则

1. 认真执行基本建设程序

经过多年的基本建设实践，明确了基本建设的程序主要是计划、设计和施工等几个主要阶段。它是由基本建设工作客观规律所决定的。中国多年的基本建设历史表明，凡是遵循上述程序时，基本建设就能顺利进行，当违背这个程序时，不但会造成施工的混乱，影响工程质量，而且还可能造成严重的浪费或工程事故。因此，认真执行基本建设程序，是保证建筑安装工程顺利进行的重要条件。

2. 做好施工项目排队，保证重点，统筹安排

建筑施工企业和建设单位的根本目的是尽快地完成拟建工程的建设任务，使其早日投产或交付使用，尽快发挥基本建设投资的效益。这样，就要求施工企业的计划决策人员，必须根据拟建工程项目的重要程度和工期要求等，进行统筹安排，分期排队，把有限的资源优先用于国家和建设单位急需的重点工程项目，使其早日建成、投产或使用。同时也应该安排好一般工程项目，注意处理好主体工程和配套工程，准备工程项目、施工项目和收尾项目之间施工力量的分配，从而获得总体的最佳效果。

3. 遵循建筑施工工艺和技术规律，坚持合理的施工程序和施工顺序

建筑施工工艺及其技术规律，是分部分项工程施工固有的客观规律。分部分项工程施工中的任何一道工序也不能省略或颠倒。因此，在组织建筑施工中必须严格遵循建筑施工工艺及其技术规律。

建筑施工程序和施工顺序是建筑产品生产过程中阶段性的固有规律和分部分项工程的先后次序。建筑产品生产活动是在同一场地不同空间，同时交叉搭接地进行，前面的工作不完成，后面的工作就不能开始。这种前后顺序必须符合建筑施工程序和施工顺序。交叉则体现争取时间的主观努力。

在建筑安装工程施工中，一般合理的施工程序和施工顺序主要有以下几方面。

先进行准备工作，后正式施工。准备工作是为后续生产活动正常进行创造必要的条件。准备工作不充分就贸然施工，不仅会引起施工混乱，而且还会造成某些资源浪费，甚至中途停工。

先进行全场性工程，后进行各项工程施工。平整场地、敷设管网、修筑道路和架设电路等全场性工程先进行，为施工中供电、供水和场内运输创造条件，有利于文明施工，节省临时设施费用。

还有先地下后地上，地下工程先深后浅的顺序；主体结构工程在前，装饰工程在后的顺序；管线工程先场外后场内的顺序；在安排工程顺序时，要考虑空间顺序等。

4. 采用流水施工方法和网络计划技术组织施工

国内外实践经验证明，采用流水施工方法组织施工，不仅能使拟建工程的施工有节奏、均衡和连续进行，而且还会带来显著的技术经济发展。

网络计划技术是当代计划管理的最新方法。它是应用网络图形表达计划中各项工作的相互关系，具有逻辑严密、层次清晰、关键问题明确，可以进行计划方案优化、控制和调整，有利于电子计算机在计划管理中的应用等优点。它在各种计划管理中得到广泛应用。实践证明，施工企业在建筑工程施工计划管理中，采用网络计划技术，可以缩短工期和节约成本。

5. 落实季节性施工项目，保证全年生产的连续性和均衡性

建筑施工一般都是露天作业，易受气候影响，严寒和下雨的天气都不利于建筑施工的正常进行。如不采取相应的技术措施，冬季和雨季就不能连续施工。目前，施工技术的发展，已经有成功的冬雨季施工措施，保证施工正常进行，但是使施工费用增加。科学地安排冬雨季施工项目，就是要求在安排施工进度计划时，根据施工项目的具体情况，留有必要的适合

冬雨季施工的、不会过多增加施工费用的储备工程，将其安排在冬雨季进行施工，增加了全年施工天数，尽量做到全面均衡、连续施工。

6. 贯彻工厂预制和现场预制相结合的方针，提高建筑产品工业化程序

建筑技术进步的重要标志之一是建筑产品工业化，建筑产品工业化的前提条件是建筑施工中广泛采用预制装配式构件。扩大预制装配程度是走向建筑产品工业化的必由之路。在选择预制构件加工方法时，应根据构件的种类、运输和安装条件以及加工生产的水平等因素，进行技术经济比较，合理地决定工厂预制和现场预制构件的种类，贯彻工厂预制和现场预制相结合的方针，取得最佳的效果。

7. 充分利用现有机械设备，提高机械化程度

建筑产品生产需要消耗巨大的体力劳动。在建筑施工过程中，尽量以机械化施工代替手工操作，这是建筑技术进步的另一重要标志。尤其是大面积的平整场地、大型土石方工程、大批量的装卸和运输、大型钢筋混凝土构件或钢结构构件的制作和安装等繁重施工过程的机械化施工，对于改善劳动条件、减轻劳动强度和提高劳动生产率以及经济效果都很显著。

目前我国建筑施工企业的技术装备程序还很不够，满足不了生产的需要。为此，在组织工程项目施工时，要结合当地和工程情况，充分利用现有的机械设备。在选择施工过程中，要进行技术经济比较，使大型机械和中、小型机械结合起来，使机械化和半机械化结合起来，尽量扩大机械施工范围，提高机械化施工程度。同时要充分发挥机械设备的生产率，保持其作业的连续性，提高机械设备的利用率。

8. 尽量采用国内外先进的施工技术和科学管理方法

先进的施工技术与科学的施工管理手段相结合，是改善建筑施工企业和工程项目经理部的生产经营管理素质、提高劳动生产率、保证工程质量、缩短工期、降低工程成本的重要途径。为此，在编制施工组织设计时应广泛采用国内外的先进施工技术和科学的施工管理方法。

9. 尽量减少暂设工程，合理地储备物资，减少物资运输量，科学地布置施工平面图

暂设工程在施工结束之后就要拆除，其投资有效时间是短暂的，因此在组织工程项目施工时，对暂设工程和大型临时设施的用途、数量和建造方式等方面，要进行技术经济的可行性研究，在满足施工需要的前提下，使其数量最少和造价最低。这对于降低工程成本和减少施工用地都是十分重要的。

建筑产品生产所需要的建筑材料、构（配）件、制品等种类繁多，数量庞大，各种物资的储存数量、方式都必须科学合理。对物资库存采用 ABC 分类法和经济订购批量法，在保证正常供应的前提下，其储存数额要尽可能地减少。这样可以大量减少仓库、堆场的占地面积，对于降低工程成本、提高工程项目经理部的经济效益，都是事半功倍的好办法。

建筑材料的运输费在工程成本中所占的比重也是相当可观的，因此在组织工程项目施工时，要尽量采用当地资源，减少其运输量。同时应该选择最优的运输方式、工具和线路，使其运输费用最低。

减少暂设工程的数量和物资储备的数量，对于合理地布置施工平面图提供了有利条件。施工平面图在满足施工需要的情况下，尽可能使其紧凑与合理，减少施工用地，有利于降低工程成本。

综合上述原则，既是建筑产品生产的客观需要，又是加快施工速度、缩短工期、保证工程质量、降低工程成本、提高建筑施工企业和工程项目建设单位的经济效益的需要，所以必须在组织工程项目施工过程中认真地贯彻执行。

二、施工组织设计的编制必须遵循工程建设程序

① 符合施工合同或招标文件中有关工程进度、质量、安全、造价等方面的要求。

② 积极开发、使用新技术和新工艺、推广应用新材料和新设备。

③ 坚持科学的施工程序和合理的施工顺序，采用流水施工和网络计划等方法，科学配置资源，合理布置现场，采取季节性施工措施，实现均衡施工，达到合理的经济技术指标。

④ 采取技术和管理措施，推广建筑节能和绿色施工。

⑤ 与质量、环境和职业健康安全三个管理体系有效结合。

三、施工组织设计的编制与审批

① 施工组织设计应由项目负责人主持编制，可根据需要分阶段编制和审批。

② 施工组织总设计应由总承包单位技术负责人审批；单位工程施工组织设计应由施工单位技术负责人或技术负责人授权的技术人员审批；施工方案应由项目技术负责人审批；重点、难点分部（分项）和专项工程施工方案应由施工单位技术部门组织相关专家评审，施工单位技术负责人批准。

③ 由专业承包单位施工的分部（分项）工程或专项工程的施工方案，应由专业承包单位技术负责人或技术负责人授权的技术人员审批；有总承包单位时，应由总承包单位项目的技术负责人核准备案。

④ 规模较大的分部（分项）工程或专项工程的施工方案应按单位工程施工组织设计进行编制和审批。

四、施工组织设计应实行动态管理并符合下列规定

① 项目施工过程中，发生工程设计有重大修改；相关法律法规、规范和标准实施、修订和废止；主要施工方法有重大调整；主要施工资源配置有重大调整；施工环境有重大改变等，应及时进行修改和补充施工组织设计。

② 经修改或补充的施工组织设计应重新审批后实施。

③ 项目施工前，应进行施工组织设计逐级交底；项目施工过程中，应对施工组织设计的执行情况进行检查、分析并适时调整。

五、施工组织设计（方案）的审查程序

① 在工程项目开工前约定的时间内，承包单位必须完成施工组织设计的编制及内部自审批准工作，填写《施工组织设计（方案）报审表》（表1-1）报送项目监理机构。

② 总监理工程师在约定的时间内，组织专业监理工程师审查，提出意见后，由总监理工程师审核签认。需要承包单位修改时，由总监理工程师签发书面意见，退回承包单位修改后再报审，总监理工程师重新审查。

③ 已审定的施工组织设计由项目监理机构报送建设单位。

④ 承包单位应按审定的施工组织设计文件组织施工，如需对其内容做较大的变更，应在实施前将变更内容书面报送项目监理机构。

⑤ 规模大、结构复杂或属新结构、特种结构的工程，项目监理机构对施工组织设计审查后，还应报送监理单位技术负责人审查，提出审查意见后由总监理工程师签发，必要时与建设部门协商，组织有关专业部门或有关专家会审。

⑥ 规模大、工艺复杂的工程、群体工程或分期出图的工程，经建设部门批准可分阶段报审施工组织设计；技术复杂或采用新技术的分项、分部工程，承包单位还应编制该分项、分部工程的施工方案，报项目监理机构审查。

表 1-1　施工组织设计（方案）报审表

工程名称：　　　　　　　　　　　　　　　　　　　　　　　　　　编号：

致：　　　　　　　　（监理单位）
　　我方根据施工合同的有关规定完成了　　　　　　　　工程施工组织设计（方案）的编制，并经我单位上级技术负责人审查批准，请予以审查。
　　附：施工组织设计（方案）

承包单位（章）＿＿＿＿＿＿＿＿
项目经理＿＿＿＿＿＿＿＿
日　　期＿＿＿＿＿＿＿＿

专业监理工程师审查意见：

专业监理工程师＿＿＿＿＿＿＿＿
日　　期＿＿＿＿＿＿＿＿

总监理工程师审查意见：

项目监理机构＿＿＿＿＿＿＿＿
总监理工程师＿＿＿＿＿＿＿＿
日　　期＿＿＿＿＿＿＿＿

六、审查施工组织设计时应掌握的原则

① 施工组织设计的编制、审查和批准应符合规定的程序；

② 施工组织设计应符合国家的技术政策，充分考虑承包合同规定的条件、施工现场条件及法规条件的要求，突出"质量第一、安全第一"的原则；

③ 施工组织设计的针对性：是否了解并掌握工程的特点及难点，施工条件分析是否充分；

④ 施工组织设计的可操作性：是否有能力执行并保证工期和质量目标，该施工组织设计是否切实可行；

⑤ 技术方案的先进性：施工组织设计采用的技术方案和措施是否先进适用，技术是否成熟；

⑥ 质量管理与技术管理体系、质量保证措施是否健全且切实可行；

⑦ 安全、环保、消防和文明施工措施是否切实可行并符合有关规定；

七、施工组织设计审查的注意事项

① 重要的分部、分项工程的施工方案，承包单位在开工前向监理项目提交详细说明为完成该项工程的施工方法、施工机械设备及人员配备与组织、质量管理措施以及进度安排等，报请监理人员审查认可后方能实施。

② 在施工顺序上应符合先地下、后地上；先土建、后设备；先主体、后围护的基本规律。所谓先地下、后地上是指地上工程开工前应尽量把管道、线路等地下设施和土方与基础工程完成，以避免干扰，造成浪费、影响质量。此外，施工流向要合理，即平面和立面上都要考虑施工的质量保证与安全保证，考虑使用的先后和区段的划分，与材料、构配件的运输不发生冲突。

③ 施工方案与施工进度计划的一致性。施工进度计划的编制应以确定的施工方案为依据，正确体现施工的总体部署、流向顺序及工艺关系等。

④ 施工方案与施工平面布置图的协调一致。施工平面图的静态布置内容，如：临时供水、供电、供热、供气管道，施工道路，临时办公房屋等，以及动态布置内容，如施工材料模板、工具器具等，应做到布置有序，有利于各阶段施工方案的实施。

八、施工组织设计的贯彻

没有批准的施工组织设计或未编制施工组织设计的工程项目，一律不准开工，经审批的施工组织设计必须认真严格执行。

在执行的过程中，应随时检查，及时发现问题，及时解决；凡不执行者，要批评教育，造成事故的应追究责任。

复习思考题

1. 什么叫基本建设？基本建设工作包括哪几个方面内容？
2. 什么叫建设单位？什么叫建设项目？
3. 基本建设程序可划分为几个阶段？
4. 施工程序可划分为哪五个步骤？
5. 建筑施工组织的任务是什么？
6. 单位工程施工组织设计的主要内容有哪些？

第二章 流水施工的基本原理

第一节 流水施工的基本概念

流水作业的方法是一种卓有成效的组织生产方法。它的提出由来已久,并被广泛采用,随着生产技术和管理水平的发展,而不断改进和提高。

建筑工程流水施工与一般工业产品的流水作业有所不同。在工业生产中,生产工人和设备位置是固定的,产品是按生产加工工艺在生产线上进行移动加工,形成加工者与被加工对象之间的相对流动,而在建筑工程流水施工中,建筑产品的位置是固定的,生产工人和机具等在建筑物的空间上进行移动加工产品,也形成二者之间相对的流动效果。

实践证明,流水施工方法是组织施工的一种科学的方法。它可以充分地利用工作时间和操作空间,减少非生产性的劳动消耗,提高劳动生产率,缩短工期,节约施工费用。

在实际建筑产品施工中,除了应用流水施工的组织方式外,还有其他的组织方式,通过几种方式的比较,更能清楚地说明流水施工的基本概念和优越性。

一、施工组织的三种组织方式

1. 施工组织的三种组织方式对比

通常采用的施工组织方式有依次施工、平行施工和流水施工三种组织方式。

为了说明这三种施工组织方式的概念和特点,举例进行分析和对比。

例如,有四幢相同的砖混结构房屋的基础工程,根据施工图设计、施工班组的构成情况及工程量等,其施工过程划分、班组人数及工种构成、各施工过程的工程量、完成每幢房屋一个施工过程所需时间等,见表 2-1。

表 2-1 每幢房屋基础工程施工过程及其工程量指标

施工过程	工程量		产量定额	劳动量		每班人数	每天工作班	施工时间	班组工种
	数量	单位		计划	采用				
基槽挖土	130	m³	4.18	31	32	16	1	2	普工
混凝土垫层	38	m³	1.22	31	30	30	1	1	混凝土工
砖砌基础	75	m³	1.28	59	60	20	1	3	瓦工
基槽回填土	60	m³	5.26	11	10	10	1	1	普工

(1) 依次施工组织方式

依次施工组织方式,是将拟建工程的整个建造过程分解为若干施工过程,前一个施工过程完成之后,下一个施工过程才开始,一个工程全部完成之后,另一个工程的施工才开始,依此类推,完成全部施工任务的施工组织方式。按照依次施工组织上述工程施工,其施工进度、工期和劳动力需要量动态曲线如图 2-1 所示。

图 2-1 下部为它的劳动力动态变化曲线,其纵坐标为每天施工班组人数,横坐标为施工进度。将每天各投入施工的班组人数之和并连接起来,即可绘出劳动力动态变化曲线。

如果用 t_i($i=1,2,3,\cdots,n$)表示每个施工过程在一幢房屋中完成施工所需时间,则完

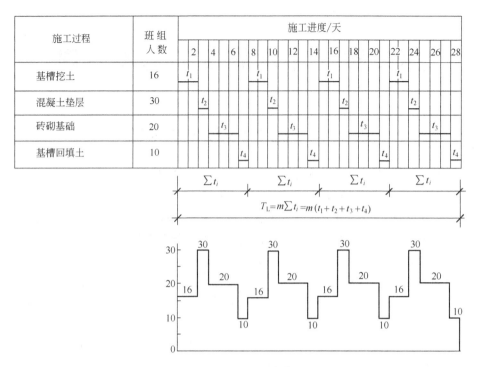

图 2-1 按幢（或施工段）依次施工

成一幢房屋基础工程施工所需时间为 $\sum t_i$，完成 m 幢房屋基础工程所需总时间为

$$T_L = m\sum t_i \tag{2-1}$$

式中　m——房屋幢数（或施工段数）；

　　　t_i——一幢房屋完成某一施工过程所需时间；

　　　$\sum t_i$——一幢房屋完成各施工过程所需时间之和；

　　　T_L——完成 m 幢工程任务所需总时间。

依次施工的组织，还可以采取依次完成每幢房屋的第一个施工过程后，再开始第二个施工过程的施工，依次完成最后一个施工过程的施工任务。其施工进度安排如图 2-2 所示。

其完成 m 幢房屋基础工程所需总时间为

$$T_L = \sum m t_i \tag{2-2}$$

从图 2-1、图 2-2 中可以看出依次施工的组织方法有以下特点：

① 没有充分地利用工作面进行施工，工期长；

② 若按专业成立工作队，各专业队不能连续作业，有时间间歇，劳动力和物资的使用不均衡；

③ 若由一个工作队完成全部施工任务，不能实现专业化生产，不利于提高劳动生产率和工程质量；

④ 每天投入施工的劳动力、材料和机具的种类比较少，有利于资源供应的组织工作；

⑤ 施工现场的组织、管理比较简单。

（2）平行施工组织方式

平行施工组织方式，是将同类的工程任务，组织几个工作队，在同一时间，不同的空间上，完成同样的施工任务的施工组织方式。平行施工组织方式，一般在工程任务紧迫，工作

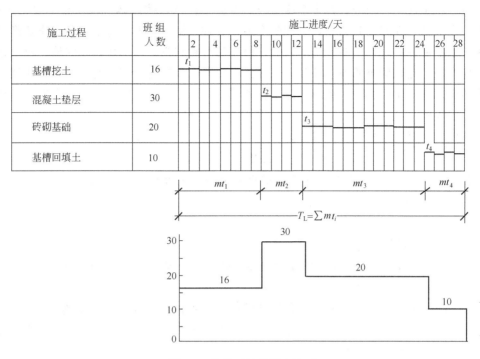

图 2-2 按施工过程依次施工

面和资源供应充分保证的条件下,被采用。按照平行施工组织方式,组织上述工程施工,其施工进度、工期和劳动力需要量动态曲线如图 2-3 所示。

从图 2-3 可知,完成四幢房屋基础所需时间等于完成一幢房屋基础的时间,即

$$T_L = \sum t_i \qquad (2-3)$$

平行施工组织方式具有以下特点:

① 充分地利用了工作面进行施工,工期短;

② 若每个工程都按专业成立工作队,各专业队不能连续流水作业,劳动力和物资的使用不均衡;

③ 若由一个工作队完成一个工程的全部施工任务,不能实现专业化生产,不利于提高劳动生产率和工程质量;

④ 每天投入施工的劳动力、材料和机具数量成倍地增加,不利于资源供应的组织工作;

⑤ 施工现场的组织、管理比较复杂。

(3) 流水施工组织方式

流水施工组织方式,是将拟建工程的整个建造过程分解为若干个不同的施工过程,并按照施工过程成立相应的专业工作

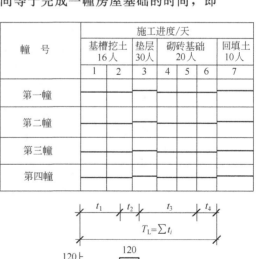
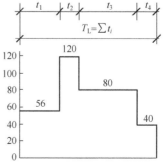

图 2-3 平行施工

队,同时,将拟建工程划分成若干个施工段。专业工作队,按照施工顺序相继地投入施工,相邻两个专业队,在开工时间上,最大限度地、合理地搭接起来。每个专业工作队都是完成一个施工段上的任务之后,专业队的人数,使用的材料和机具均不变,依次地、连续地进入下一个施工段,完成同类的施工任务,保证施工在时间和空间上有节奏、均衡和连续进行下去。按照流水施工组织方式,组织上述工程施工,其施工进度、工期和劳动力需要量动态曲线如图2-4所示。

其施工的总时间可按下式计算,即

$$T_L = \sum K_{i,i+1} + mt_{n,i} \tag{2-4}$$

式中 $K_{i,i+1}$——两个相邻的施工过程相继投入第一幢房屋施工的时间间隔;
i——前一个施工过程;
$i+1$——后一个施工过程;
m——幢数(施工段数);
$t_{n,i}$——最后一个施工过程完成每幢(施工段)施工所需时间;
T_L——完成工程任务所需总时间。

图2-4的流水施工组织,还没有充分利用施工工作面。例如,第一个施工段基槽挖土,直到第三施工段挖土以后,才开始垫层施工,浪费了前两幢挖土完成后的工作面等,为了充分利用工作面,可按图2-5所示进行。

这样,工期比图2-4所示流水施工减少了3天。其中,垫层施工班组虽然作间断安排,但应当指出,在一个分部工程若干个施工过程的流水施工组织中,只要安排好主要的几个施工过程,即工程量大、时间延续较长者,组织它们实行流水施工,而非主要的施工过程,根

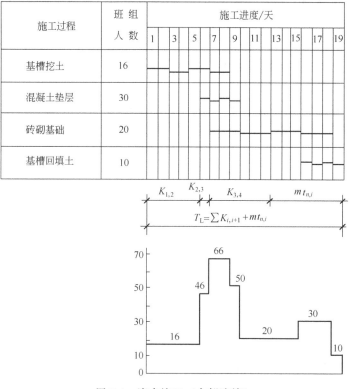

图2-4 流水施工(全部连续)

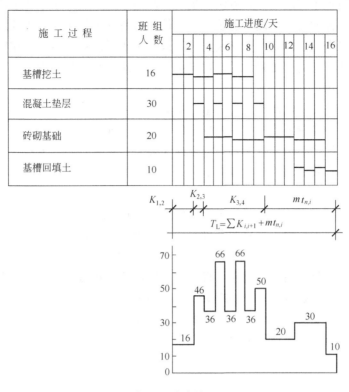

图 2-5 流水施工

据有利于缩短工期的要求,在不能实现连续施工情况下,也仍应认为这是流水施工的组织方式。

流水施工组织方式具有以下特点:

① 尽可能地利用了工作面进行施工,工期比较短;

② 工作队实现了专业化生产,有利于提高技术水平和改进使用的机具,劳动生产率高,工程质量好;

③ 专业工作队能够连续作业,相邻专业工作队的开工时间可最大限度地搭接;

④ 每天投入施工资源量较为均衡,有利于资源供应的组织工作;

⑤ 为施工现场的文明施工和科学管理创造了有利条件。

2. 流水施工的技术经济效果

从三种施工组织方式的对比中可以看出,流水施工组织方式是一种先进的、科学的施工组织方式。因此,应用这种施工组织方式进行施工,必然会体现出优越的技术经济效果,其主要表现有以下几点。

(1) 施工工期较短,早日发挥基本建设投资效益

由于流水施工的节奏性、连续性,加快了各专业队的施工进度,减少了时间间歇,特别是相邻专业工作队,在开工时间上最大限度地、合理地搭接起来,充分地利用了工作面,做到尽可能早地开始工作,从而达到缩短工期的目的,使工程尽快交付使用或投产,获得经济效益和社会效益。

(2) 提高了工人的技术水平,提高了劳动生产率

由于流水施工组织使工作队实现了专业化生产,建立了合理的劳动组织,工人连续作

业，操作熟练，便于不断改进操作方法和机具，因而工人的技术水平和生产率不断地提高。

(3) 提高了工程质量，增加了建筑产品的使用寿命和节约了使用中的维修费用

由于流水施工中，工作队专业化生产，工人技术水平高；各专业工作队之间的紧密地搭接作业，互相监督，提高了工程质量，这既可以使建筑产品的使用寿命延长，又可以减少使用过程中的维修费用。

(4) 充分发挥施工机械和劳动力的生产效率

流水施工时，各专业工作队按预先规定的时间完成各个施工段上的任务。其单位时间内完成的工程任务是根据平均先进的劳动定额或实际经验而确定的。流水施工组织合理，没有窝工现象，增加了有效劳动时间，在有节奏的、连续的流水施工中，施工机械和劳动力的生产效率都得以充分的发挥。

(5) 降低了工程成本，提高了施工企业的经济效益

由于组织流水施工节约了工程的直接费用，减少暂设工程费和施工管理费。流水施工资源消耗的均衡，便于组织物资供应工作，储存合理，利用充分，减少了各种不必要的损失，节约了材料费；生产效率高，节约人工费和机械使用费；降低了施工高峰人数，材料和设备合理供应减少了暂设工程费用；工期缩短，工人的人数减少，节约了施工管理费和其他的有关费用。因此，降低了工程的成本，提高了施工企业的经济效益。

二、组织流水施工的要点和条件

1. 组织流水施工的要点

(1) 划分分部分项工程

将拟建工程，根据工程特点及施工要求，划分为若干分部工程；每个分部工程又根据施工工艺要求，工程量大小，施工班组的组成情况，划分为若干个施工过程。

(2) 划分施工段

根据组织流水施工的需要，将拟建工程在平面或空间上，划分为工程量大致相等的若干个施工段。

(3) 每个施工过程组织独立的施工班组

每个施工过程尽可能组织独立的施工班组，配备必要的施工机具，按施工工艺的先后顺序，依次地、连续地、均衡地从一个施工段转移到另一个施工段完成本施工过程相同的施工操作。

(4) 主要施工过程必须连续、均衡地施工

对工程量大、施工时间较长的施工过程，必须组织连续、均衡施工，对其他次要施工过程，可考虑与相邻的施工过程合并。如不能合并，为缩短工期，可安排间断施工。

(5) 不同的施工过程尽可能组织平行搭接施工

按施工的先后顺序要求，在有工作面条件下，除必要的技术与组织间歇外，尽可能组织平行搭接施工。

2. 组织流水施工的条件

从上述组织流水施工要点中可以知道，组织流水施工必要条件是：划分工程量（或劳动量）大致相等的若干个流水段；每个施工过程组织独立的施工班组；安排主要施工过程的施工班组进行连续、均衡的流水施工；不同的施工过程按施工工艺要求，尽可能组织平行搭接施工。

不能划分流水段的工程任务，且没有其他工程任务可以与它组织流水施工，则该工程不

具备组织流水施工的条件。

3. 流水施工的表示方式

流水施工的表示方式，一般有水平图表（横道图）、垂直图表和网络图三种表示方式。

(1) 水平图表的表示方式

流水施工水平图表的表达方式，如图 2-6 所示。图中的横坐标表示流水施工的持续时间；纵坐标表示施工过程的名称或编号。n 条带有编号的水平线段表示 n 个施工过程或专业工作队的施工进度，其编号表示不同的施工段。

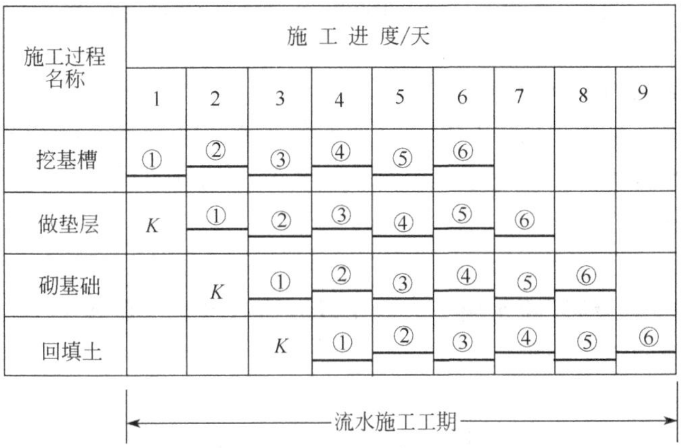

施工过程名称	施工进度/天								
	1	2	3	4	5	6	7	8	9
挖基槽	①	②	③	④	⑤	⑥			
做垫层	K	①	②	③	④	⑤	⑥		
砌基础		K	①	②	③	④	⑤	⑥	
回填土			K	①	②	③	④	⑤	⑥

图 2-6 流水施工的水平图表

水平图表的优点是：绘制简单，施工过程及其先后顺序清楚，时间和空间状况形象直观，进度线的长度可以反映流水施工速度，使用方便，在实际工程中，常用水平图表编制施工进度计划。

(2) 垂直图表的表示方式

流水施工垂直图表的表示方式，如图 2-7 所示。图中的横坐标表示流水施工的持续时间；纵坐标表示流水施工所处的空间位置，即施工段的编号，施工段的编号自下而上排列。n 条斜向的线段表示 n 个施工过程或专业工作队的施工进度，并用编号或名称区分各自表示的对象。

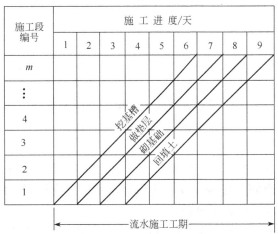

图 2-7 流水施工的垂直图表

垂直图表的优点是：施工过程及其先后顺序清楚，时间和空间状况形象直观，斜向进度线的斜率可以明显地表示出各施工过程的施工速度；利用垂直图表研究流水施工的基本理论比较方便，但编制实际工程进度计划不如横道图方便，一般不用其表示实际工程的流水施工进度计划。

（3）网络图的表示方式

流水施工的网络图表示方式，详细内容见本教材第三章。

第二节　流水施工的基本参数

一、流水施工参数的基本概念

在组织建筑工程流水施工时，用以表达流水施工在工艺流程、时间及空间方面开展状态的参数，统称为流水施工参数。流水施工参数，按其作用的不同，一般可分为工艺参数、空间参数和时间参数三种。

二、工艺参数

工艺参数主要是指在组织流水施工时，用以表达流水施工在施工工艺方面进展状态的参数。通常有施工过程和流水强度。

1. 施工过程

施工过程是对建筑产品由开始建造到竣工整个建筑过程的统称。组织建筑工程的流水施工时，施工过程所包含的施工内容可繁可简。它可以是分项工程、分部工程，也可以是单位工程、单项工程的施工过程。在指导单位工程流水施工时，一般施工过程指分项工程，其名称和工作内容与现行的有关定额相一致，根据施工过程的性质和特点不同，可分为制备类施工过程、运输类施工过程和砌筑安装类施工过程。在建筑施工中，只有按照一定的顺序和质量要求，完成其所有的施工过程，才能建造出符合设计要求的建筑产品。

（1）制备类施工过程

制备类施工过程是指为提高建筑产品的加工能力而形成的施工过程。如各种预制构件的制作、砂浆和混凝土的制备过程等。制备类施工过程，一般不占有施工对象的工作面和空间，不影响工期，不列入流水施工进度计划表。但当它占有施工对象的空间并影响工期时，才列入施工进度计划。例如在单层装配式钢筋混凝土结构的工业厂房施工中，在现场预制大型构件的施工过程。

（2）运输类施工过程

运输类施工过程是指把建筑材料、构配件、制品和设备等物资运到工地仓库或施工操作地点而形成的施工过程。运输类施工过程，一般也不占有施工对象的空间，也不影响工期，不列入流水施工进度计划表。但当它占有施工对象的空间并影响工期时，才列入施工进度计划。例如在结构安装工程中，边运输边吊装的构件运输过程。

（3）砌筑安装类施工过程

砌筑安装类施工过程是指在施工对象的空间上直接进行最终建筑产品加工而形成的施工过程，它占有施工对象空间并影响工期，必须列入施工进度计划。例如地下工程、主体工程、屋面工程和装饰工程等的施工过程。

砌筑安装类施工过程，按其在工程项目过程中的作用、工艺性质和复杂程度不同，可分为主导施工过程和穿插施工过程、连续施工过程和间断施工过程、复杂施工过程和简单施工过程。上述施工过程的划分，仅是从研究施工过程某一角度考虑的。事实上，有的施工过程既是主导的，又是连续的，同时还是复杂的施工过程，如砌筑施工过程，在砖混结构施工时，是主导的、连续和复杂的施工过程；油漆施工过程是简单的、间断的，往往又是穿插的施工过程等。因此，在编制施工进度计划时，必须综合考虑施工过程的几个方面的特点，以便确定其在进度计划中的合理位置。

① 主导施工过程　它是对整个施工对象的工期起决定作用的施工过程。在编制施工进度计划时，必须优先安排。例如在砖混住宅施工中，主体工程的砌筑施工过程和安装楼板的施工过程等。

② 穿插施工过程　它是与主导施工过程相搭接或穿插平行的施工过程。在编制施工进度表时，要适时的穿插在主导施工过程的进行中，并严格地受主导施工过程的控制。例如，安装门窗框的施工过程和浇注钢筋混凝土圈梁的施工过程等。

③ 连续施工过程　它是一道工序接一道工序，连续进行的施工过程。它不要求技术间歇。在编制施工进度表时，与其相邻的后续施工过程不考虑技术间歇时间。例如，墙体砌筑和楼板安装施工过程等。

④ 间断施工过程　它是由所用材料的性质决定，需要技术间歇的施工过程。其技术间歇时间与材料的性质和工艺有关。在编制施工进度计划时，它与相邻的后续施工过程之间，要考虑有足够的技术间歇时间。例如，混凝土、抹灰和油漆施工过程等都需要养护或干燥的技术间歇时间。

⑤ 复杂施工过程　它是在工艺上，由几个紧密相连的工序组合而形成的施工过程。它的操作者、工具和材料，因工序不同而变化。在编制施工进度计划时，也可以因计划对象范围和用途不同将其作为一个施工过程或划分成几个独立的施工过程。例如砌筑施工过程，有时可以划分为运材料、搭脚手架、砌砖等施工过程。

⑥ 简单施工过程　它是在工艺上由一个工序组成的施工过程。它的操作者、工具和材料都不变。在编制施工进度计划表时，除了可能将它与其他施工过程合并外，本身施工是不能再分的。例如，挖土和回填土施工过程。

2. 施工过程数

在建筑施工中，划分的施工过程，可以是分项工程、单位工程或单项工程的施工过程，它是根据编制施工计划的对象范围和作用而确定的。一般说来，编制群体工程流水施工的控制性进度计划时，划分的施工过程较粗，数目要少；编制单位工程实施性进度计划时，划分的施工过程较细，数目要多。一幢房屋的施工过程数与其建筑和结构的复杂程度、施工方案以及劳动组织与劳动量大小等有关。例如，普通混合结构居住房屋单位工程实施性进度计划的施工过程数为 20~30 个。

在流水施工中，流水施工过程数目用 n 表示。它是流水施工的主要参数之一。对于一个单位工程而言，通常它不等于计划中包括的全部施工过程数。因为这些施工过程并非都能按流水方式组织施工，可能其中几个阶段是采用流水施工。流水施工中的施工过程数目 n，是指参与该阶段流水施工的施工过程数目。

3. 流水强度

流水强度是指流水施工的每一施工过程在单位时间内完成工程量的数量，也称为流水能力或生产能力，以 V_i 来表示。它主要与选择的机械或参加作业的人数有关。其计算方法分为如下两种情况。

① 机械作业施工过程的流水强度按下式计算，即
$$V_i = D_i S_i \quad (2\text{-}5)$$

式中　D_i——某种主导施工机械的台数；
　　　S_i——该种主导施工机械的产量定额。

② 人工作业施工过程的流水强度按下式计算，即
$$V_i = R_i S_i \quad (2\text{-}6)$$

式中　R_i——参加作业的人数；
　　　S_i——人工产量定额。

三、空间参数

空间参数是指在组织流水施工时，用以表达流水施工在空间上开展状态的参数。

空间参数主要有工作面、施工段和施工层。

1. 工作面

工作面是提供给专业工人或施工机械进行作业的活动空间，也称为工作前线。它是根据该工程计划产量定额和安全施工技术规程的要求确定的。根据施工过程不同，它可以用不同的计量单位表示。例如，挖基槽按延长米（m）计量；墙面抹灰按平方米（m²）计量等。施工对象的工作面的大小，表明能安排作业人数的或机械台数的多少。每个作业的人或每台机械所需的工作面的大小，取决于单位时间内完成工程量的多少和安全施工的要求。工作面确定合理与否，将直接影响专业工作队的生产效率。因此，必须满足其合理工作面的规定。主要工种的合理工作面参考数据见表 2-2。

表 2-2　主要工种的合理工作面参考数据

工 作 项 目	每个技工的工作面	说　　明
砖基础	7.6m/人	以 $1\frac{1}{2}$ 砖计，2 砖乘以 0.8，3 砖乘以 0.55
砌砖墙	8.5m/人	以 1 砖计，$1\frac{1}{2}$ 砖乘以 0.7，2 砖乘以 0.57
毛石墙基	3m/人	以 60cm 计
毛石墙	3.3m/人	以 40cm 计
混凝土柱、墙基础	8m³/人	机拌、机捣
混凝土设备基础	7m³/人	机拌、机捣
现浇钢筋混凝土柱	2.45m³/人	机拌、机捣
现浇钢筋混凝土梁	3.20m³/人	机拌、机捣
现浇钢筋混凝土墙	5m³/人	机拌、机捣
现浇钢筋混凝土楼板	5.3m³/人	机拌、机捣
预制钢筋混凝土柱	3.6m³/人	机拌、机捣
预制钢筋混凝土梁	3.6m³/人	机拌、机捣
预制钢筋混凝土屋架	2.7m³/人	机拌、机捣
预制钢筋混凝土平板、空心板	1.91m³/人	机拌、机捣
预制钢筋混凝土大型屋面板	2.62m³/人	机拌、机捣
混凝土地坪	40m²/人	机拌、机捣
外墙抹灰	16m²/人	
内墙抹灰	18.5m²/人	
卷材屋面	18.5m²/人	
防水水泥砂浆屋面	16m²/人	
门窗安装	11m²/人	

2. 施工段

施工段是指把施工对象在平面上划分成若干个劳动量大致相等的施工段落。在流水施工中，用 m 表示施工段的数目。它是流水施工的主要参数之一。

划分施工段的目的，笼统地说就是为了组织流水施工。如果把一个固定的建筑产品看成一个单件产品，则无法进行流水施工。但是，它体形庞大，在其上划分若干个施工段，这样，为流水施工创造了条件：专业工作队完成一个施工段上的任务后，到另一个施工段上继续施工，产生连续流动作业的效果。一般情况，一个施工段，在同一时间内，只容纳一个专业工作队施工，各专业工作队依次投入施工，同一时间内，在不同施工段上平行作业，使流水施工均衡；可以划分足够数量的施工段，充分利用工作面，避免窝工，尽可能地缩短工期。

施工段内的施工任务是专业工作队依次完成的。两个施工段之间形成一个施工缝。同时，施工段数量的多少，也将直接影响流水施工的效果。为使施工段划分的合理，一般应遵循以下原则。

① 各施工段上的工程量（或劳动量）应大致相等，相差幅度不宜超过10%～15%，以保证各施工班组连续、均衡地施工。

② 为充分发挥工人（或机械）的生产效率，不仅要满足专业工程地面工作的要求，而且要使施工段所能容纳的劳动力人数（或机械台数）满足劳动组织优化的要求。

③ 施工段划分界限应结合建筑物平面布置特点，尽可能使每一个施工段的平面形状比较规则。通常可以在房屋变形缝处划分施工段或以住宅的单元来划分。

④ 划分施工段时应考虑垂直运输设施的能力和服务半径。

⑤ 施工段数目的多少要满足合理流水施工的组织要求，即有时应使 $m \geq n$。

施工段不能划分得太小，至少应满足施工班组人员和机具最小搭配后的活动范围要求，否则会形成拥挤而影响施工效率，甚至无法施工；施工段也不能划分太大，如果过大，当施工人员和机具设备较少时，会造成作业面的浪费。当施工人员和机具设备充足时，会形成施工力量与材料物资供应的高度集中现象。

3. 施工层

(1) 施工层划分

施工层是指在施工对象在垂直上划分的施工段落。尤其是在多层或高层建筑物的某些施工过程进行流水施工时，必须既在平面上划分施工段，又在垂直方向上划分施工层。通常施工层的划分与结构层相一致，有时也考虑施工方便，按一定高度划分为一个施工层。例如，单层工业厂房砌筑工程一般按 1.2～1.4m 高度，即一步脚手架的高度划分为一个施工层。在分层施工的流水施工中，流水施工的进展情况是：各专业工作队，首先依次投入第一施工层的各施工段施工，完成第一施工层最后一个施工段的任务后，连续地转入第二施工层的施工段施工，依此类推。各专业工作队的工作面，除了前一个施工过程完成，为后一个专业工作队提供了工作面之外，最前面的专业队在跨越施工层时，必须要最后一个施工过程完成，才能为其提供工作面。为保证在跨越施工层时，专业工作队能够有节奏地、连续地进入另一个施工层的施工段均衡施工，施工段的数目应满足下式，即

$$m \geq n$$

式中　m——分施工层流水施工时施工段数目；

　　　n——流水施工的施工过程数或专业工作队数。

(2) 施工段数目 m 与施工过程数目 n 的关系对分施工层流水施工的影响

为了说明方便,现举例如下。

某二层现浇钢筋混凝土框架工程,其控制性的进度计划,由支模板、绑钢筋和浇混凝土三个施工过程组成,分别划分为四个、三个和两个施工段,三种情况组织流水施工,假定流水节拍均为 10 天。这三种流水施工的施工段数目与施工过程数目之间的关系,则分别属于以下三种情况。

① 施工段数目大于施工过程数目($m>n$) 例如第一种流水施工,$m=4$,$n=3$ 的情况,其施工进展状况如图 2-8 所示。

序号	施工过程名称	施工进度/天									
		10	20	30	40	50	60	70	80	90	100
1	支模板	①	②	③	④	①	②	③	④		
2	绑钢筋		①	②	③	④	①	②	③	④	
3	浇混凝土			①	②	③	④	①	②	③	④

$T=100$

图 2-8 $m>n$ 时流水施工进展状况

从图 2-6 可以看出:各施工班组在完成第一施工层的四个施工段的任务后,都连续地进入第二施工层继续施工;从施工段上各施工班组工作的情况看,例如第一施工层的第一施工段,最后一个施工班组在第 30 天完成了浇筑混凝土的施工任务,而最前一个施工班组进入第二施工段开始支模板的时间为第 40 天,中间闲置了 10 天,其余各施工段也均闲置了 10 天。

由此得出,当 $m>n$ 时,流水施工的特点是:各专业工作队均能连续地作业;施工段有闲置,这种闲置一般是正常的,它可以弥补某些施工过程必要的间歇时间或意外的拖延时间。

② 施工段数目等于施工过程数目($m=n$) 例如第二种流水施工,$m=3$、$n=3$ 的情况,其施工进展状况如图 2-9 所示。

从图 2-7 可以看出:当 $m=n$ 时,各施工班组均能连续作业,每一施工段上均有施工班

序号	施工过程名称	施工进度/天							
		10	20	30	40	50	60	70	80
1	支模板	①	②	③	①	②	③		
2	绑钢筋		①	②	③	①	②	③	
3	浇混凝土			①	②	③	①	②	③

$T=80$

图 2-9 $m=n$ 时流水施工进展状况

组，工作面能充分利用，无停歇现象，也不会产生工人窝工现象，这是比较理想的流水施工方案；它使施工管理者没有回旋的余地。

③ 施工段数目小于施工过程数目（$m<n$）　例如第三种流水施工，$m=2$、$n=3$ 的情况，其施工进展状况如图 2-10 所示。

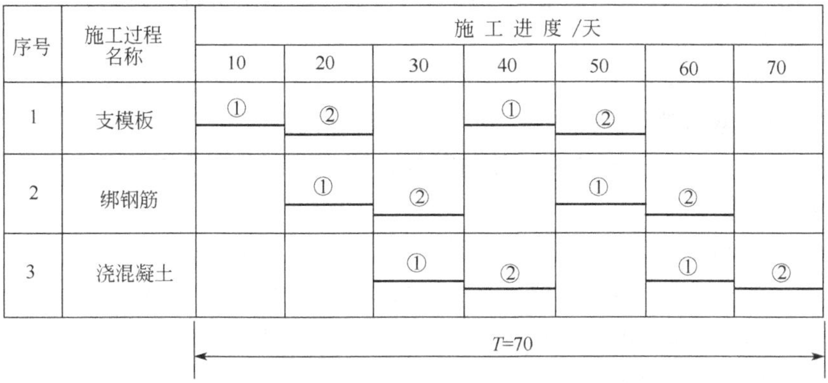

序号	施工过程名称	施工进度/天						
		10	20	30	40	50	60	70
1	支模板	①	②		①	②		
2	绑钢筋		①	②		①	②	
3	浇混凝土			①	②		①	②

T=70

图 2-10　$m<n$ 时流水施工进展状况

从图 2-8 可以看出：每个施工班组在完成第一施工层的第二施工段的任务之后，不能连续地进入第二施工层的第一施工段继续施工，中间停工 10 天；施工段上施工班组工作的情况，例如第一施工层的第一施工段，最后一个施工班组在第 30 天末完成了浇筑混凝土的施工任务，而最前一个施工班组，紧接着在第 31 天，进入第二施工层第一施工段开始支模板的施工，中间没有闲置，其余各施工段亦如此。

由此得出，当 $m<n$ 时，各施工班组在跨越施工层时，均不能连续地作业，轮流出现窝工现象，施工段没有闲置，这对一个建筑物组织流水施工是不适宜的。若同一现场有同类建筑物施工，组织群体大流水施工，亦可使专业队连续作业。

四、时间参数

时间参数是指在组织流水施工时，用以表达流水施工在时间上开展状态的参数。时间参数主要有流水节拍、流水步距、技术间歇和组织间歇等。

1. 流水节拍

流水节拍是指一个施工班组一个施工段上完成施工任务所需的持续时间。以符号 t_i 表示（$i=1,2,\cdots,n$）。

（1）流水节拍的确定

流水节拍是流水施工的主要参数之一，它表明流水施工的速度和节奏性。流水节拍小，其流水速度快，节奏感强；反之，则相反。流水节拍也决定着单位时间内资源供应量。同时，流水节拍也是区别流水施工组织方式的主要特征。同一施工过程的流水节拍，主要由采用的施工方法和施工机械以及在工作面允许的前提下投入施工的人数或机械台数和采用的工作班次等因素确定。有时为了施工均衡和减少转移施工段时消耗的工时，加以适当调整，其数值最好为半个班的整数倍。对于人们熟悉的施工过程，已有劳动定额、补充定额或实际经验数据，其流水节拍为

$$t_i=\frac{Q_i}{S_iR_ib}=\frac{Q_iH_i}{R_ib}=\frac{P_i}{R_ib} \tag{2-7}$$

式中　t_i——某施工过程的流水节拍；

Q_i——某施工过程在某施工段上的工程量；

R_i——某施工过程施工班组人数或机械台数；

S_i——某施工过程的每工日（或每台班）产量定额；

H_i——某施工过程采用的时间定额；

P_i——在一个施工段上完成某施工过程所需的劳动量或机械台班量；

b——每天工作班数。

（2）确定流水节拍的要点

① 施工班组人数应符合该施工过程最少劳动组合人数的要求。

② 要考虑工作面的大小或某种条件的限制，施工班组人数也不能很多，否则不能发挥正常的施工效率或者不安全。

③ 要考虑机械台班效率或机械台班产量大小，例如完成一层楼的砌砖，安装楼板等施工任务，如果按施工班组人数及工效计算8天可以完成。但8天内要吊运大量砖、砂浆、钢筋等，只有一台机具，是否能完成提升任务，必须计算复查机械效率。如果一班不够，则应改为两班工作或增加机械数量。

④ 要考虑材料、构件等施工现场堆放量、供应能力及其他有关条件的制约。

⑤ 要考虑施工及技术条件的要求。例如不能留施工缝必须连续浇筑的钢筋混凝土工程，有时要按三班制工作的条件决定流水节拍，以确保工程质量。

⑥ 确定一个分部工程各施工过程的流水节拍时，首先应考虑主要的、工程量大的施工过程的节拍，其次确定其他施工过程的节拍值。

2. 流水步距

流水步距是指施工工艺上前后两个相邻的施工过程，先后投入同一个流水段所间隔的时间。用符号 $K_{i,i+1}$ 表示（i 表示前一个施工过程；$i+1$ 一个施工过程）。

一般情况，当有 n 个施工过程，并且施工过程数和专业工作队数相等时，则有 $(n-1)$ 个流水步距。每个流水步距的值是由两个相邻施工过程在各施工段上的节拍值而确定的。

一般确定流水步距应满足以下基本要求。

① 各施工过程按各自流水速度施工，始终保持工艺先后顺序。

② 各施工过程的专业队都应该连续施工。

③ 前面的专业队能为相邻后续专业队创造足够的工作面。其含义是指在一个施工段内，不能同时有两个专业工作队在工作，只能前一个专业队完成任务后，下一个专业工作队才能进入，并开始工作。

④ 相邻两个专业工作队开始投入施工的时间要最大限度地搭接。其含义是在整个施工中，至少有一个或几个施工段是没有闲置的，即前一个专业队上一个班次在该施工段完工，下一个班次另一个专业队马上进入该施工段开始施工。

全等节拍流水施工的步距计算：全等节拍流水施工是指一项工程任务的各个施工过程在全部流水段上的节拍全部相等。其流水步距按下式计算确定，即

$$K_{i,i+1}=t_i+(t_j-t_d) \tag{2-8}$$

式中 $K_{i,i+1}$——流水步距；

t_i——流水节拍；

t_j——技术与组织间歇时间；

t_d——前后两个施工过程相同流水段容许搭接时间。

不等节拍流水施工的步距计算：不等节拍流水施工是指同一个施工过程每段节拍相等，不同施工过程节拍互不相等，其各相邻施工过程之间的流水步距可按下式计算，即

$$K_{i,i+1} = \begin{cases} t_i + t_j - t_d & \text{当 } t_i \leqslant t_{i+1} \text{ 时} \\ t_i + (m-1)(t_i - t_{i+1}) + t_j - t_d & \text{当 } t_i > t_{i+1} \text{ 时} \end{cases} \quad (2\text{-}9)$$

技术间歇时间 t_j 是指流水施工中某些施工过程完成后要有合理的工艺间歇时间。技术间歇时间与材料的性质和施工方法有关。

组织间歇时间 t_d 是指流水施工中，某些施工过程完成后要有必要的检查验收或施工过程准备时间。例如基础工程完成后，在回填土前必须进行检查验收并做好隐蔽工程记录所需要的时间。

分别节拍流水施工的步距计算：分别节拍流水施工是指同一个施工过程每段上节拍不相等或不全相等；不同施工过程节拍互不相等，其相邻施工过程之间的流水步距可采用错位相减取大差的方法。

【例 2-1】 某分部工程分 A、B、C、D 四个施工过程，划分为四个施工段。各流水段的节拍为 4 天，其中，A 施工过程每段完成任务后需要两天技术与组织间歇；D 施工过程每段施工可与 C 施工过程搭接 1 天施工。该分部工程全等节拍流水施工如图 2-11 所示。

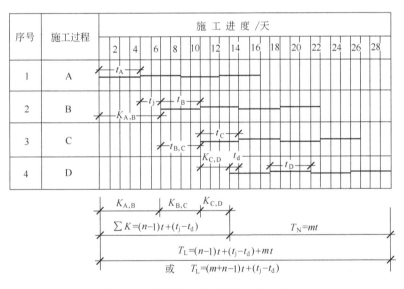

图 2-11 某分部工程全等节拍流水施工

解 根据上述条件及公式计算如下。

$$K_{A,B} = t_A + (t_j - t_d) = 4 + (2 - 0) = 6(\text{天})$$
$$K_{B,C} = t_B + (t_j - t_d) = 4 + (0 - 0) = 4(\text{天})$$
$$K_{C,D} = t_C + (t_j - t_d) = 4 + (0 - 1) = 3(\text{天})$$

【例 2-2】 某分部工程分为 A、B、C、D 四个施工过程，各分四段流水施工，各施工过程的节拍分别为：A 为 3 天，B 为 4 天，C 为 5 天，D 为 3 天。B 过程完成后需有 2 天技术间歇时间。该分部工程不等节拍流水施工如图 2-12 所示，求各施工过程之间的流水步距及该分部工程工期。

解 根据上述条件及公式，计算如下。

因为 $t_A < t_B$

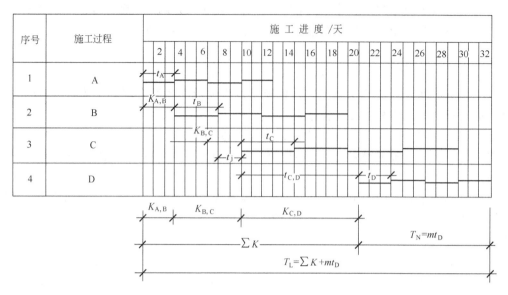

图 2-12 某分部工程不等节拍流水施工

所以 $K_{A,B}=t_A+(t_j-t_d)=3+0=3$（天）

因为 $t_B<t_C$，$t_j=2$，$t_d=0$

所以 $K_{B,C}=t_B+(t_j-t_d)=4+(2-0)=6$（天）

因为 $t_C>t_D$，$t_j=0$，$t_d=0$

所以 $K_{C,D}=t_C+(t_C-t_D)(m-1)+(t_j-t_d)=5+(5-3)(4-1)+(0-0)=11$（天）

该分部工程工期，计算如下。

$$T_L=\sum K+mt_D=(3+6+11)+(4\times 3)=32\text{（天）}$$

【例 2-3】根据下列数据求 $K_{A,B}$，$K_{B,C}$

A：3，4，4，2
B：4，2，3，3
C：3，4，4，2

解 $K_{A,B}$ 3，7，11，13 $K_{B,C}$ 4，6，9，12
       −   4，6，9，12   −   3，7，11，13
            3，3，5，4，−12   4，3，2，1，−13

所以 $K_{A,B}=5$ $K_{B,C}=4$

第三节　流水施工的组织方法

一、流水施工的分类

1. 按组织流水施工的范围大、小划分

(1) 施工过程流水　即组织一个施工过程（或一个施工工序）的流水施工。

(2) 分部工程流水　即组织一个分部工程的流水施工。

(3) 单位工程流水　即一个单位工程组织它的流水施工。

(4) 群体工程流水　即多幢建筑物或构筑物组织大流水施工。

2. 按流水节拍的特征不同划分
(1) 全等节拍流水施工
是指各个工序(施工过程)的流水节拍均相等的一种流水施工方式,即同一工序在各施工段上的流水节拍相等,并且不同工序之间的流水节拍也相等的一种流水施工方式。

① 等节拍等步距流水。即各流水步距的值等于流水节拍的值。没有技术与组织间歇时间($t_j=0$),也不安排相邻施工过程在同一流水段上搭接施工($t_d=0$)。

② 等节拍不等步距流水。即各施工过程的节拍全部相等,但各流水步距不相等,有的步距等于节拍,但有的步距不等于节拍。这是由于各施工过程之间,有的需要有技术与组织间歇时间,有的可以安排搭接施工。

(2) 不等节拍流水
即同一施工过程节拍相等,不同施工过程节拍不相等的一种流水施工组织方式。

(3) 成倍节拍流水
即各施工过程的流水节拍互成整数倍,其倍数就是组织该施工过程施工的班组数,则这项工程任务可以组织为成倍节拍等步距流水施工,其流水步距等于最小一个流水节拍值。

(4) 分别流水
是指同一工序在各施工段上的流水节拍不尽相等,不同工序的流水节拍彼此不尽相等。

二、流水施工的组织方法

1. 全等节拍流水
全等节拍流水是指同一工序在各施工段上的流水节拍相等,并且不同工序之间的流水节拍也相等的一种流水施工方式。

(1) 全等节拍流水中流水节拍的特点
① 同一工序在各施工段上的流水节拍相等。
② 不同工序之间的流水节拍也相等。

(2) 全等节拍流水的组织特点
① 同一专业工种连续逐渐转移,无窝工。
② 不同专业工种按工艺关系对施工段连续施工,无作业面空闲。
③ 流水步距相等且等于流水节拍。

(3) 全等节拍流水的工期
$$T=(n-1)K+mt=(m+n-1)K=(m+n-1)t$$

(4) 全等节拍流水举例
某分部工程分甲、乙、丙三道工序,划分为四个施工段,各工序每段作业时间均为两天,根据其流水节拍的特点可组织全等节拍流水施工。其流水组织全等节拍流水进度计划如图 2-13 所示。

2. 成倍节拍流水
成倍节拍流水是指同一施工过程在各个施工段的流水节拍相等,各施工过程的流水节拍均为其中最小流水节拍的整数倍的流水施工方式。

(1) 成倍节拍流水中流水节拍的特点
① 同一施工过程在各个施工段的流水节拍相等。
② 各施工过程的流水节拍均为其中最小流水节拍的整数倍。

(2) 成倍节拍流水的组织特点

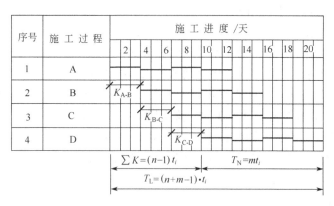

图 2-13 流水组织全等节拍流水进度计划

① 同一专业工种连续逐渐转移，无窝工。
② 不同专业工种按工艺关系对施工段连续施工，无作业面空闲。
③ 流水节拍大的工序要成倍增加施工队组。

$$b_i = t_i / t_{\min}$$

式中　b_i——某施工过程所需施工班组数；
　　　t_i——某施工过程的流水节拍；
　　　$t_{\min}$——所有流水节拍中的最小流水节拍。
④ 流水步距相等且等于流水节拍的最小公约数。

$$K = t_{\min}$$

（3）成倍节拍流水的工期

$$T = (n-1)K + m't$$

式中　m'——最后一个工作队的持续时间。

（4）成倍节拍流水举例

某工程分为六个施工段，流水线中的工艺关系为甲、乙、丙三道工序顺序施工，各工序每段作业时间为：甲 1 天，乙 3 天，丙 2 天。根据其流水节拍的特点，可组织成倍节拍流水施工，其步骤如下。

① 确定流水步距。各施工队组的流水步距等于各工序流水节拍的最小公约数。本例各工序的流水节拍分别为 1 天、3 天、2 天，各工序流水节拍的最小公约数为 1 天。因此，可确定各施工队组的流水步距为 1 天。

② 确定各工序的同型施工队组数。工序的同型施工队组数等于其流水节拍除以已确定的流水步距。

③ 按流水步距搭接各施工队组的细部流水线，绘制流水作业指示图表，如图 2-14 所示。

④ 计算工期

$$T = (n-1)K + m't = [(6-1) \times 1 + 3 \times 2] = 11（天）$$

3. 分别流水

分别流水是指同一工序在各施工段上的流水节拍不尽相等，不同工序的流水节拍彼此不尽相等。

（1）分别流水中流水节拍的特点

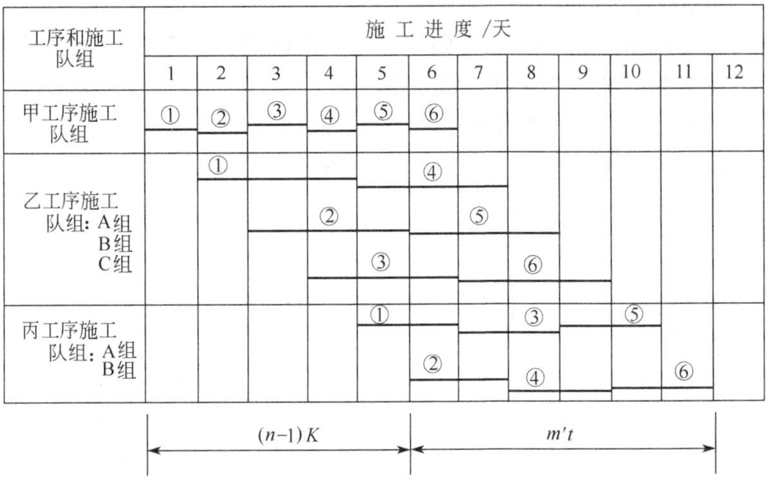

图 2-14 成倍节拍流水

① 同一工序在各施工段上的流水节拍不尽相等。
② 不同工序的流水节拍彼此不尽相等。
(2) 分别流水的组织特点
① 同一专业工种连续逐渐转移，无窝工。
② 不同专业工种按工艺关系不能全部连续施工，有作业面空闲。
(3) 分别流水的工期

$$T = \sum K_i + \sum t_i$$

(4) 分别流水举例
各施工过程在各施工段上持续时间不全相等。

某分部工程分支模板、扎钢筋、浇混凝土三个施工过程，四段施工。支模板在各施工段上的施工时间分别为2天、3天、3天、2天；扎钢筋在各施工段上的施工时间分别为2天、2天、3天、3天；浇混凝土在各施工段上的施工时间分别为3天、3天、3天、2天。

其施工进度计划图表如图2-15所示。

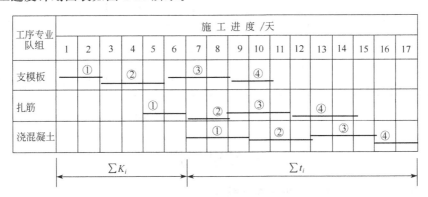

图 2-15 各施工过程在各施工段上持续时间不相等的施工进度计划

4. 不等节拍流水

不等节拍流水是指同一施工过程在各施工段上的流水节拍都相等，不同施工过程之间的流水节拍不一定相等的流水施工方式。

(1) 不等节拍流水施工的特点
① 同一施工过程流水节拍相等，不同施工过程之间的流水节拍不一定相等。
② 各施工过程之间的流水步距不一定相等。
(2) 不等节拍流水施工的组织特点
① 各施工工作队能够连续作业。
② 施工段之间可能有空闲。
(3) 不等节拍流水施工的工期

$$T_L = \sum K_{i,i+1} + mt$$

(4) 不等节拍流水施工举例

【例 2-4】 某工程划分为 A、B、C、D 四个施工过程，分三个施工段组织施工，各施工过程的流水节拍分别为 $t_A=3$ 天，$t_B=4$ 天，$t_C=5$ 天，$t_D=3$ 天，施工过程 B 完成后有 2 天的技术间歇时间，施工过程 D 和 C 搭接 1 天，试求各施工过程之间的流水步距及该工程的工期，并绘制流水施工进度计划图表。

解 (1) 确定流水步距

$$t_A < t_B$$
$$K_{A,B} = t_A = 3 \text{ 天}$$
$$t_B < t_C$$
$$K_{B,C} = t_B = 4 \text{ 天}$$
$$t_C > t_D$$
$$K_{C,D} = 9 \text{ 天}$$

(2) 计算流水工期

$$T_L = \sum K_{i,i+1} + mt = 26 \text{ 天}$$

(3) 流水施工进度计划图表（见图 2-16）

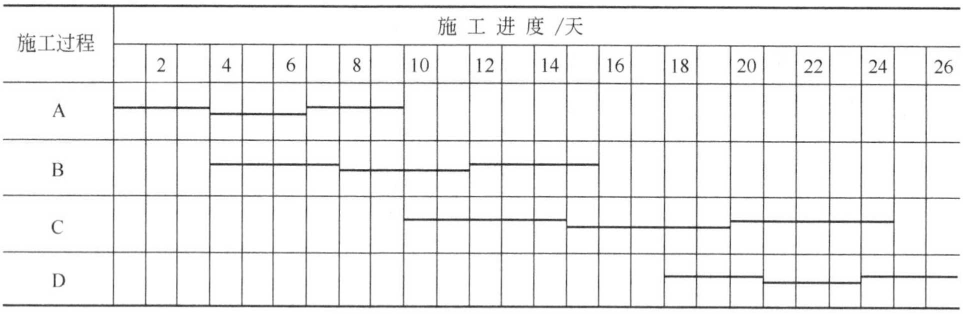

施工过程	施工进度/天												
	2	4	6	8	10	12	14	16	18	20	22	24	26
A													
B													
C													
D													

图 2-16 某工程不等节拍流水施工进度计划

复习思考题

1. 组织施工有哪几种方式？试述各自的特点。
2. 什么是流水节拍、流水步距？如何确定？
3. 如何划分施工段？划分的原则是什么？
4. 如何组织全等节拍流水？如何组织成倍节拍流水？
5. 流水施工的主要参数有哪些？它们的含义是什么？怎样确定这些主要流水参数？

6. 某二层现浇钢筋混凝土工程，施工过程分为支模板、扎钢筋、浇混凝土，每层每段的流水节拍分别为 4 天、4 天、2 天，施工层间技术间歇为 2 天，为保证各工作队连续施工，求每层最少的施工段数和总工期，并绘制出流水施工进度图表。

7. 根据下表某流水组的施工过程和节拍值。

n \ m	Ⅰ	Ⅱ	Ⅲ	Ⅳ	Ⅴ	每个施工过程每个班组人数
A	4	4	4	4	4	10
B	2	2	2	2	2	15
C	3	3	3	3	3	25
D	2	2	2	2	2	10

（1）绘出该施工组每个施工过程全部流水施工的进度图表；并绘出劳动力动态曲线。

（2）如果 B 过程合理中断，其施工进度图表；绘制劳动力动态曲线。

（3）根据上述两个进度表，分别求出各施工过程的 K 值、流水组工期。

（4）如果上表流水段增加到 20 个，则如何组织成倍节拍流水？绘出成倍节拍流水进度图表并计算工期。

第三章　网络计划技术

20 世纪 40 年代，随着战后的重建和经济的飞速发展，特别是 20 世纪 50 年代以来，人们为了适应生产发展和关系复杂的科学研究工作的需要，新的计划管理方法在实践中被陆续的应用。这些新的方法提高了企业的计划、管理和决策等方面工作的正确性和有效性，都取得了一定的效果。虽然它的种类繁多，各自侧重目标不同，但其实质基本相同。我国的著名数学家华罗庚教授把它们概括称为统筹法。统筹法是一种为经济建设服务的一种数学方法，它就是通盘考虑、统筹规划的意思。由于这种方法广泛应用于工业、国防、邮电、运输、建筑科研工作等项目，组织和管理工作取得了更好的经济效益。

统筹法应用于建筑工程的施工计划的编制和管理是采用网络图的形式表示工序各施工过程（或工作）的先后顺序及其相互关系，并通过各种分析、优化和调整得到符合实际情况的最优计划方案。这种用在统筹原则指导下，用网络图编制和管理施工计划的方法叫网络计划技术或网络计划法。

第一节　进度计划的表示方法

进度计划可用横道图表示，也可用网络图表示。例如某基础工程分为：挖基槽→作垫层→作基础→回填土，各工作时间均为 3 天。其进度计划用横道图表示，如图 3-1 所示。用网络图表示的进度计划叫网络计划。一般来说，网络计划表示可以分为：有时间坐标的双代号网络计划（简称时标网络计划），见图 3-2；有时间标注的双代号网络计划（简称标时网

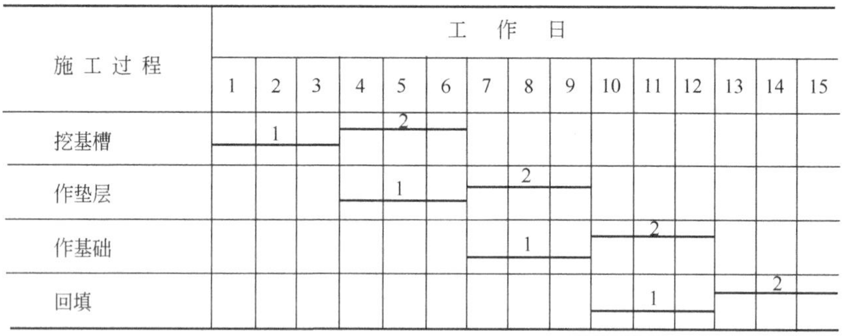

施工过程
工　作　日
1 2 3 4 5 6 7 8 9 10 11 12 13 14 15
挖基槽
作垫层
作基础
回填
1
2
1
2
1
2
1
2

图 3-1　用横道图表示的进度计划

1 2 3 4 5 6 7 8 9 10 11 12 13 14 15
槽1
垫1
基1
填1
槽2
垫2
基2
填2
1
2
3
4
5
6
7
8

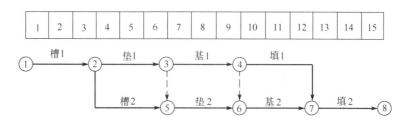

图 3-2　用双代号时标网络计划表示的进度计划

络计划），见图 3-3；用单代号网络计划表示的进度计划，见图 3-4。

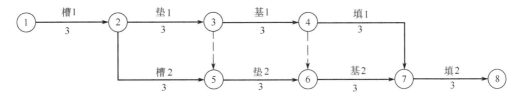

图 3-3　用双代号标时网络计划表示的进度计划

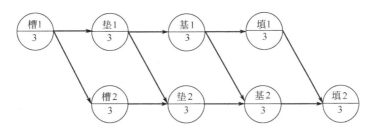

图 3-4　用单代号时标网络计划表示的进度计划

第二节　一　般　规　定

一、网络图、网络计划、网络计划技术

1. 网络图

网络图是由箭线和节点组成用来表示工作流程的有向、有序网状图形。一个网络图表示一项计划任务。

2. 网络计划

网络计划是在网络图上加注工作及时间参数等而成的进度计划，它同横道图计划一样，既不决定整个施工组织问题，更不能决定施工技术问题，相反它被施工方法所决定，只能是根据既定的施工方法，按统筹安排的原则而编成的一种形式的计划。

3. 网络计划技术

网络计划技术是网络计划对任务工作进度进行安排和控制，以保证实现预定目标的科学的计划管理技术。

二、工作和虚工作

1. 工作

网络图中的工作是计划任务按需要粗细程序划分而成的消耗时间或同时也消耗资源的一个子项目或子任务。工作可以是单位工程，也可是分部工程、分项工程，还可是一个施工过程。

在一般情况下，完成一项工作既要消耗时间，也需要消耗劳动力、原材料、施工机具等资源，但也有一些工作只消耗时间而不消耗资源，如混凝土浇筑后的自然养护过程。网络图分为：双代号网络图和单代号网络图。在双代号的网络图中，工作是用一根箭线和两端节点的编号来表示，节点表示工作的开始或结束以及工作之间的连接状态。在单代号网络图中，工作是用节点及其编号表示，箭线表示工作之间的逻辑关系。网络图中工作的表示方法如图 3-5 和图 3-6 所示。

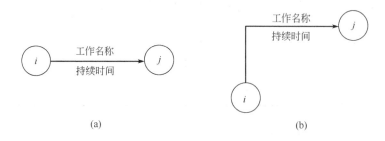

图 3-5 双代号工作的表示法

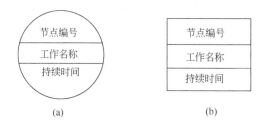

图 3-6 单代号工作的表示法

2. 虚工作

双代号网络图中，只表示相邻前后工作之间的先后顺序关系，既不消耗时间，也不消耗资源的虚拟工作称为虚工作。虚工作一般用虚箭线表示。当虚工作的箭线很短不易用虚箭线表示时，可用实箭线表示，但应标注持续时间为零。

虚工作在网络图中一般起联系、区分、断路三种作用。

（1）联系作用

联系作用一般有组织联系作用和工艺联系作用。例如在图 3-2 或图 3-3 中的③---▶⑤和④---▶⑥的虚工作中表示的是垫层施工小组成基础施工小组完成再进入第二施工段施工。

（2）区分作用

双代号网络计划中，两个节点中只能有一根箭线，仅表示一项工作。例如在实际混凝土施工中的预埋和钢筋安装两项工作都起始于模板安装，结束后开始浇混凝土，但不能表示为图 3-7 中（a）、(d) 的形式，而只能利用虚工作表示为图 3-7 中（b）、(c) 的形式。

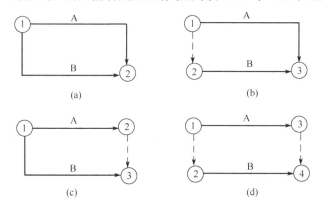

图 3-7 虚工作的区分作用

(3) 断路作用

网络图绘制时如果不采用虚工作,其逻辑关系就出现错误,此时需要利用虚工作将其线路中的某些工作断开,此时改变其逻辑关系。如图 3-8 中的虚工作,③--->④和⑤--->⑥。

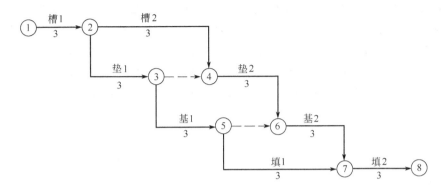

图 3-8 双代号网络计划

三、逻辑关系、工艺关系、组织关系

1. 逻辑关系

工作之间的先后顺序关系叫逻辑关系。逻辑关系包括工艺关系和组织关系。

2. 工艺关系

生产性工作之间由于工艺过程决定的非生产性工作之间由于工作程序决定的先后顺序关系,叫工艺关系。如图 3-9 所示,"支模 1→扎筋 1→浇混凝土 1"为工艺关系。

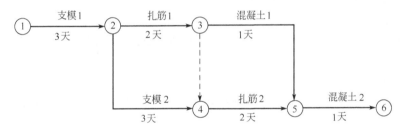

图 3-9 某混凝土工程双代号网络计划

3. 组织关系

工作之间由于组织安排需要或资源(劳动力、原材料、施工机具等)调配需要而规定的先后顺序关系叫组织关系。

四、紧前工作、紧后工作、平行工作

1. 紧前工作

紧排在工作之前的工作叫本工作的紧前工作。本工作和紧前工作之间可能有虚工作。如图 3-8 所示,槽 1 是槽 2 和垫 1 的紧前工作,垫 2 的紧前工作是槽 2 和垫 1,虚工作③→④在垫 1 和垫 2 之间。

2. 紧后工作

紧排在工作之后的工作叫本工作的紧后工作。本工作和紧后工作之间可能有虚工作。如图 3-8 所示,垫 1 的紧后工作基 1 和垫 2,虚工作③--->④在垫 1 和垫 2 之间。

3. 平行工作

可与本工作同时进行的工作叫本工作的平行工作。如图 3-8 所示,槽 2 是垫 1 的平行

工作。

五、线路和线路段

1. 线路

网络图中从起点节点开始,沿箭线方向连续通过一系列箭线与节点,最后到达终点节点所经过的通路叫线路。线路可依次用该线路上的节点代号来记述,也可依次用该线路上的工作名称来记述。如图 3-8 所示的线路有 1—2—4—6—7—8,1—2—3—4—6—7—8,1—2—3—5—7—8,1—2—3—5—6—7—8 四条线路;或为槽 1—槽 2—垫 2—基 2—填 2,槽 1—垫 1—垫 2—基 2—填 2,槽 1—垫 1—基 1—基 2—填 2,槽 1—垫 1—基 1—填 1—填 2 四条线路。

2. 线路段

网络图中线路的一部分叫线路段。如图 3-8 所示的槽 1—槽 2—垫 2、槽 2—垫 2—基 2 等为线路段。

六、先行工作和后续工作

1. 先行工作

自起点节点至本工作之前各条线路段上的所有工作叫本工作的先行工作。紧前工作是先行工作,但先行工作不一定是紧前工作。

2. 后续工作

本工作之后至终点节点各条线路段上的所有工作叫本工作的后续工作。紧后工作是后续工作,但后续工作不一定是紧后工作。

七、双代号网络图、单代号网络图

1. 双代号网络图

以箭线或其两端节点的编号表示工作的网络图叫双代号网络图。图 3-2 就是用双代号网络图编制的进度计划。

2. 单代号网络图

以节点或该节点的编号表示工作的网络图叫单代号网络图。图 3-4 就是用单代号网络图编制的进度计划。

第三节 网络图的绘制原则

一、双代号网络图的绘制原则

① 网络图的节点应用圆圈表示。网络图中所有节点都必须编号,所编的数码叫代号,代号必须标注在节点内。代号严禁重复,并应使箭尾节点的代号小于箭头节点的代号。

② 网络图必须按照已定的逻辑关系绘制。例如已知网络图的逻辑关系如表 3-1 所示。若绘出网络图如图 3-10 (a) 所示就是错误的,因 D 的紧前工作没有 A。此时可用横向断路法或竖向断路法将 D 与 A 的联系断开,如图 3-10 (b)、(c)、(d) 所示。

表 3-1 逻辑关系

工 作	A	B	C	D
紧前工作	—	—	A、B	B

③ 网络图中严禁出现从一个节点出发,顺箭线方向 又回到原出发点的循环回路。如

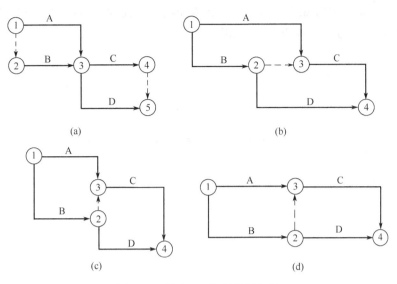

图 3-10 按表 3-1 绘制的网络图

图 3-11 所示网络图中，就出现了不允许出现的循环回路 BCHG。

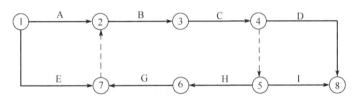

图 3-11 有循环回路的网络图

④ 网络图中的箭线（包括虚箭线，以下同）应保持自左向右的方向，不应出现箭头指向左方的水平箭线和箭头偏向左方的斜向箭线。若遵循这一原则绘制网络图，就不会有循环回路出现。

⑤ 网络图中严禁出现双向箭头和无箭头的连线，如图 3-12 所示。

图 3-12 错误的网络计划

⑥ 严禁在网络图中出现没有箭尾节点的箭线和没有箭头节点的箭线，如图 3-13 所示。

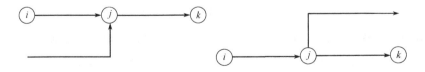

图 3-13 没有箭尾和箭头节点的箭线

⑦ 严禁在箭线上引入或引出箭线，如图 3-14 所示。但当网络图的起点节点有多条外向箭线，或终点节点有多条内向箭线时，为使图形简洁，可用母线法绘图，使多条箭线经一条共用的竖向母线段从起点节点引出，或使多条箭线经一条共用的竖向母线段引入终点节点，

如图 3-15（a）所示。但特殊线型的箭线，如粗箭线、双箭线、虚箭线、彩色箭线等应单独自起点节点绘出和单独引入终点节点，如图 3-15（b）所示。

图 3-14 在箭线上引入或引出箭线的错误画法

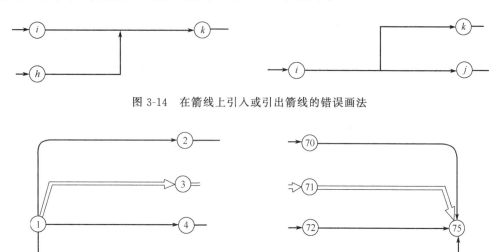

图 3-15 母线画法

⑧ 绘制网络图时宜避免箭线交叉，当交叉不可避免时，可用过桥法或指向法表示。如图 3-16 所示。

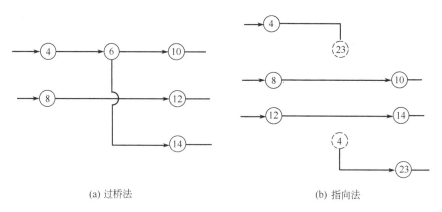

(a) 过桥法　　　　　　　　　　(b) 指向法

图 3-16 箭线交叉的表示方法

⑨ 网络图应只有一个起点节点和一个终点节点（多目标网络计划除外）。除网络计划终点和起点节点外，不允许出现没有内向箭线的节点和没有外向箭线的节点。图 3-17 所示的网络图中有两个起点节点①和②，有两个终点节点⑫和⑬，有内向箭线的节点⑤和外向箭线的节点⑨。该网络图的正确画法如图 3-18 所示。即将①、②、⑤合并成一个起点节点，将⑨、⑫、⑬合并成一个终点节点。

二、单代号网络图的绘制原则

① 网络图的节点宜用圆圈或矩形框表示。单代号的节点所表示的工作代号应标注在节

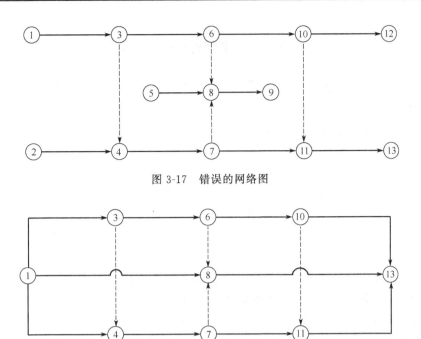

图 3-17 错误的网络图

图 3-18 正确的网络图

点内。

② 网络图中有多项起始工作或多项结束工作时,应在网络图的两端分别设置一项虚拟的工作,作为该网络图的起点节点或终点节点,如图 3-19 所示。但当只有一项起始工作或一项结束工作时,就不宜设置虚拟的起点节点,如图 3-20 所示。其双代号网络图的绘图规则相同。

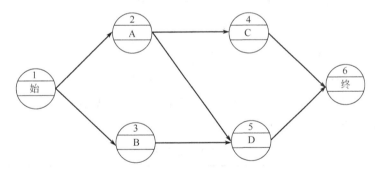

图 3-19 具有虚拟起点节点或终点节点的单代号网络图

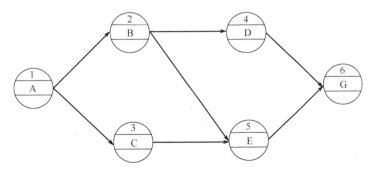

图 3-20 没有虚拟起点节点或终点节点的单代号的网络图

第四节　网络图的绘制

在绘制双代号网络图前，要明确以下几点：首先是本网络计划所包含的内容和施工条件；其次是已定的施工技术与组织方法；再次是所有工作及工作之间客观存在的逻辑关系；同时绘制网络图时应遵守其相应规则。

一、双代号网络图绘制方法

1. 绘图方法

① 依据各工作之间的逻辑关系确定无紧前工作的开始工作，使其开始于一点节点。

② 依据其余各工作的紧前工作和紧后工作关系，采用以下方法绘制草图。

a. 当紧前工作只有一项工作时，则直接在该项工作的紧前工作的节点画出箭线，然后标注好工作名称、工作时间和结束结点。

b. 当紧前工作有多项工作时，则在该工作的紧前工作结束节点之间以虚工作合并至一个节点，然后绘制该工作的箭线和结束节点，并标注清楚。

c. 网络图应只有一个结束节点，当结束工作有多项工作且其中某些工作始于同一节点时，则这些始于同一节点工作的结束节点应以虚工作合并至其中一个工作的结束节点，其余工作也就结束于该节点，该节点也是网络图的结束节点。

③ 节点标注时，可采用连续编号；也可采用不连续编号，以备增加工作而改动整个网络图的节点编号。

④ 检查草图无误后绘制正式网络图并注意图面美感。

2. 绘图示例

【例 3-1】 已知网络图的资料，见表 3-2，试绘制出网络图。

表 3-2　网络图资料

工作	A	B	C	D	E	G
紧前工作	—	—	—	B	B	C、D

解　① 列出关系表，确定出紧后工作和节点位置号，见表 3-3。

② 绘出网络图如图 3-21 所示。

表 3-3　关系表

工作	A	B	C	D	E	G
紧前工作	—	—	—	B	B	C、D
紧后工作	—	D、E	G	G	—	—
开始节点的位置号	0	0	0	1	1	2
开始节点的位置号	3	1	2	2	3	3

【例 3-2】 已知网络图的资料，见表 3-4，试绘制出网络图。

表 3-4　网络图资料

工作	A	B	C	D	E	G	H
紧前工作	—	—	—	—	A、B	B、C、D	C、D

解　① 列出关系表，确定出紧后工作和节点位置号，见表 3-5。

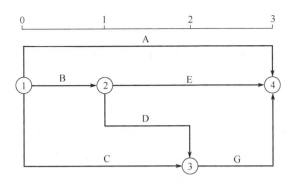

图 3-21 [例 3-1] 的网络图

表 3-5 关系表

工 作	A	B	C	D	E	G	H
紧前工作	—	—	—	—	A、B	B、C、D	C、D
紧后工作	E	E、G	G、H	G、H	—	—	—
开始节点的位置号	0	0	0	0	1	1	1
完成节点的位置号	1	1	1	1	2	2	2

② 按节点位置号画出初始的尚未检查有否逻辑关系等错误的网络图，如图 3-22 所示。

③ 在初始网络图中，B 的紧后工作多了一个 H，用竖向虚工作将 B 和 H 断开，再用虚工作将 C、D 的代号区分开，得出正确的网络图如图 3-23 所示。

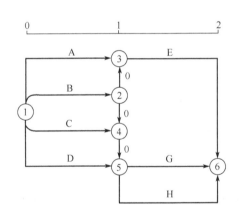

图 3-22 未检查逻辑关系等是否有误的初始网络图

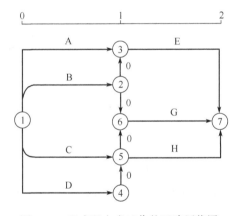

图 3-23 只有竖向虚工作的正确网络图

也可以横向虚工作将 B 和 H 断开，并去掉多余的虚工作，得出正确的网络图。此时就不需要画出节点位置坐标了。

二、单代号网络图的绘制

1. 绘制方法

① 当开始工作有多项工作时，应增设一个虚工作作为网络图起始节点。

② 当一项工作有一项或多项紧前工作时，则直接将紧前工作的节点用箭线与该工作连接。

③ 当结束工作有多项工作时，应增加一个虚工作作为网络图结束节点。

④ 网络图节点编号可以采用连续编号，也可以采用不连续编号，以防以后增加工作而

改动整个网络图的节点编号。

2. 绘图示例

【例 3-3】 根据表 3-6 所示的逻辑关系绘制单代号网络图。

表 3-6 逻辑关系

工 作	A	B	C	D	E	G
紧前工作	—	—	—	B	A、B	C、D

解 ① 根据表 3-6 列出关系表,确定出节点位置号,见表 3-7。

表 3-7 关系表

工 作	A	B	C	D	E	G
紧前工作	—	—	—	B	A、B	C、D
节点位置号	0	0	0	1	1	2

② 根据节点位置号和逻辑关系绘出网络图,如图 3-24 所示,图中多加了 S、F 两个节点位置号以确定出虚拟的始节点和终节点的位置。为使图面对称,将 A 的节点位置号 0 调整到 1。

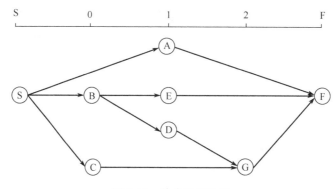

图 3-24 单代号网络图

绘制过程如下。

a. 开始工作由 A、B、C 三项,设虚工作 S;

b. 从 S 节点画三条箭线至 A、B、C 三项工作节点,A 工作节点在 1,B、C 工作节点在 0;

c. 从 A 工作节点画箭线至 F 工作节点;

d. 从 B 工作节点画箭线至 D、E 工作节点;

e. 从 C、D 工作节点画箭线至 G 工作节点;

f. 从 A、E、G 工作节点画箭线至 F。

第五节 网络计划的时间参数计算

网络图上应标注所需的时间参数,才能成为网络计划,起到一种计划的指导和控制作用。

一、网络计划的时间参数概念

时间参数,是指网络计划中工作、节点及整个计划等具有的时间值。它包括工作持续时间、工期、节点时间、工作最早开始时间、最早完成时间、早近开始时间、最迟完成时间、总时差、自由时差等。

1. 工作持续时间

工作持续时间是指工作按既定的方案，从开始至完成所需的时间。在代号网络计划中，工作 $i—j$ 的持续时间用 T_{i-j} 表示。在单代号网络计划中工作 i 的持续时间用 T_i 表示。工作持续时间也称工产或工作工期。

2. 工期

工期是指完成某项目工程或任务所需要的时间。它分为要求工期（合同工期）、计划工期和计算工期。

① 要求工期 是指任务委托人要求完成该项任务，给定的时间，用 T_r 表示。

② 计划工期 是指根据要求工期完成实施的指导计划规定的时间，用 T_p 表示。

③ 实际工期 是指完成任务从开始至结束经历的时间，用 T_c 表示。其中应扣除增加工作量和非承包商原因而增加的工作。

工期之间应满足

$$T_c \leqslant T_p \tag{3-1}$$

$$T_p \leqslant T_r \tag{3-2}$$

3. 节点时间

在双代号网络计划中，某一节点是紧前工作的结束点同时也是紧后工作的开始点，其节点时间是指该节点发生的时间，它包括最早时间（用 ET_i 表示）和最迟时间（用 LT_i 表示）。

(1) 节点最早时间 (ET_i)

是指从某一节点开始的所有各项工作可能开始工作的最早时刻，它可以统一表示从该节点开始的任一项工作的最早可能开始时间。

其计算方法：从网络图的第一个节点顺着箭线方向逐个计算；某节点最早时间开始时间等于紧前节点最早时间加上紧前工作持续时间，即

$$ET_j = ET_i + T_{i-j} \tag{3-3}$$

如果某节点的紧前节点有多个，则

$$ET_j = \max(ET_i + T_{i-j}) \tag{3-4}$$

(2) 节点最迟时间 (LT_i)

是指以某节点的为结束点的所有工作必须全部完成的最迟时间。也就是在不影响计划总工期条件下，该节点最迟必须完成的时间。它可以统一到该结束节点的任意工作必须完成的最迟时间。

计算方法：从网络图的最后一个节点逆着箭线方向依次逐个计算；某一节点最迟完成时间等于紧后节点的最迟完成时间减去紧后工作持续时间，即

$$LT_i = LT_j - T_{i-j} \tag{3-5}$$

如果某节点开始和紧后节点有多个，则

$$LT_i = \min(LT_j - T_{i-j}) \tag{3-6}$$

4. 工作的六个时间参数

(1) 最早开始时间 (ES) 和最早完成时间 (EF)

工作的最早开始时间是指在其所有紧前工作全部完成后，本工作有可能开始的最早时

刻。工作的最早完成时间是指在其所有紧前工作全部完成后，本工作有可能完成的最早时刻。工作的最早完成时间等于本工作的最早开始时间与其持续时间之和。

在双代号网络计划中，工作 $i—j$ 的最早开始时间和最早完成时间分别用 ES_{i-j} 和 EF_{i-j} 表示；在单代号网络计划中，工作 i 的最早开始时间和最早完成时间分别用 ES_i 和 EF_i 表示。

（2）最迟完成时间（LF）和最迟开始时间（LS）

工作的最迟完成时间是指在不影响整个任务按期完成的前提下，本工作必须完成的最迟时刻。工作的最迟开始时间是指在不影响整个任务按期完成的前提下，本工作必须开始的最迟时刻。工作的最迟开始时间等于本工作的最迟完成时间与其持续时间之和。

在双代号网络计划中，工作 $i—j$ 的最迟完成时间和最迟开始时间分别用 LF_{i-j} 和 LS_{i-j} 表示；在单代号网络计划中，工作 i 的最迟完成时间和最迟开始时间分别用 LF_i 和 LS_i 表示。

（3）总时差（TF）和自由时差（FF）

工作的总时差是指在不影响总工期的前提下，本工作可以利用的机动时间。但是在网络计划的执行过程中，如果利用某项工作的总时差，则有可能使该工作后续工作的总时差减小。在双代号网络计划中，工作 $i—j$ 的总时差用 TF_{i-j} 表示；在单代号网络计划中，工作 i 的总时差用 TF_i 表示。

工作的自由时差是指不影响其紧后工作最早开始时间的前提下，本工作可以利用的机动时间。在网络计划的执行过程中，工作的自由时差是该工作可以自由使用的时间。在双代号网络计划中，工作 $i—j$ 的自由时差用 FF_{i-j} 表示；在单代号网络计划中，工作 i 的自由时差用 FF_i 表示。

从总时差和自由时差的定义可知，对于同一项工作而言，自由时差不会超过总时差（$FF \leqslant TF$）。当某工作的总时差为零时，其自由时差必然为零。

5. 关键线路

（1）关键工作

在网络图中，没有任何机动时间，即时差为零的工作，其工作的拖延都会造成计划工期拖延，这样的工作称为关键工作。

（2）关键线路

在网络图中，由若干关键工作连接而成的线路通路，称为关键线路。一个网络计划中，关键线路有可能不止一条，而它们各条线路上的工作持续之和均相等，且等于计划工期。由此可知，关键线路是对计划工期具有控制作用的线路。

（3）确定关键线路的方法

① 把所有总时差为零的工作连接起来的线路就构成了网络计划的关键线路。

② 线路上各工作持续时间之和最大或等于计划工期的线路。

③ 在线路中，各工作的最早与最近开始时间相同，则此线路为关键线路。

（4）关键线路具有的特点

① 在网络计划中，关键线路上各工作为关键工作，各种时差均为零；非关键线路上则总存在着有总时差的工作，工作的自由时差有时存在，有时不存在；

② 网络计划中至少存在一条关键线路，也可能存在两条或两条以上，甚至全部都是关键线路；

③ 非关键工作如果利用了本身的总时差，就会转化为关键工作，或线路上的工作延长时间等于它的自由时差之和时，非关键线路便转化为关键线路。

关键线路是网络计划法的核心。掌握关键工作和关键线路可以使管理人员做到心中有数，把组织和管理工作的主要精力集中在关键线路上，能够使管理者经常处于主动地位。同时也可以充分利用计划中的机动时间，避免盲目赶工、抢工，还可以组织均衡生产，达到降低成本的目的。

6. 相邻工作的时间间隔

相邻两项工作之间的时间间隔，是指本工作的最早完成时间与其紧后工作最早开始时间之间可能存在的差值。

二、双代号网络计划时间参数计算

1. 按节点时间计算法

按节点时间计算法，就是先计算网络计划中各节点的最早和最迟时间，然后根据节点时间计算各项工作的时间参数和网络计划的工期。

【**例 3-4**】 双代号网络计划如图 3-25 所示，$T_p=15$，按节点法计算其时间参数。

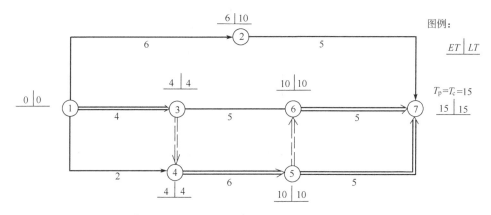

图 3-25 双代号网络计划（按节点法计算）

1. 计算各节点的最早时间和最迟时间

(1) 计算节点的最早时间 从网络计划的起点开始，沿箭线方向依次计算。

① 规定起始节点的最早时间为零，即 $ET_1=0$

② 其他节点的最早时间按式 (3-3) 和式 (3-4) 计算。

$$ET_2=ET_1+T_{1-2}=0+6=6$$
$$ET_3=ET_1+T_{1-3}=0+4=4$$
$$ET_4=\max(ET_3+T_{3-4},ET_1+T_{1-4})=\max(4+0,0+3)=4$$

同样可得

$$ET_5=10$$
$$ET_6=10$$
$$ET_7=15$$

(2) 计算节点的最迟时间 从网络计划的结束节点，逆箭线方向依次计算。

① 网络计划的工期等于结束节点的最迟时间，即

$$LT_n=T_p \tag{3-7}$$

所以
$$LT_7 = 15$$

② 按式 (3-5) 和式 (3-6) 计算各节点最迟时间,即
$$LT_6 = LT_7 - T_{6-7} = 15 - 5 = 10$$
$$LT_5 = \min(LT_7 - T_{5-7}, LT_6 - T_{5-6})$$
$$= \min(15-5, 10-0) = 10$$

同样可得
$$LT_4 = 10 - 6 = 4$$
$$LT_3 = 4$$
$$LT_2 = 15 - 6 = 9$$
$$LT_1 = \min(9-6, 4-4, 4-3) = 0$$

2. 根据节点的最早和最迟时间计算工作的六个时间参数

(1) 工作的最开始时间 等于该工作的起始节点最早时间,即
$$ES_{i-j} = ET_i \tag{3-8}$$
$$ES_{1-3} = ET_1 = 0$$
$$ES_{1-3} = ET_1 = 0$$
$$ES_{1-4} = ET_1 = 0$$
$$ES_{2-7} = ET_2 = 6$$
$$ES_{3-4} = ET_3 = 4$$
$$ES_{3-6} = ET_3 = 4$$
$$ES_{4-5} = ET_4 = 4$$
$$ES_{5-6} = ET_5 = 10$$
$$ES_{5-7} = ET_5 = 10$$
$$ES_{6-7} = ET_6 = 10$$

(2) 工作的最早完成时间 等于该工作最早开始时间加上工作持续时间,即
$$EF_{i-j} = ES_{i-j} + T_{i-j} \tag{3-9}$$

根据式(3-9)可得
$$EF_{1-2} = ES_{1-2} + T_{1-2} = 0 + 6 = 6$$
$$EF_{1-3} = ES_{1-3} + T_{1-3} = 0 + 4 = 4$$
$$EF_{1-4} = ES_{1-4} + T_{1-4} = 0 + 3 = 3$$
$$EF_{2-7} = ES_{2-7} + T_{2-7} = 6 + 6 = 12$$
$$EF_{3-4} = ES_{3-4} + T_{3-4} = 4 + 0 = 4$$
$$EF_{3-6} = ES_{3-6} + T_{3-6} = 4 + 5 = 9$$
$$EF_{4-5} = ES_{4-5} + T_{4-5} = 4 + 6 = 10$$
$$EF_{5-7} = ES_{5-7} + T_{5-7} = 10 + 5 = 15$$
$$EF_{6-7} = ES_{6-7} + T_{6-7} = 10 + 5 = 15$$

(3) 工作的最迟完成时间 等于该工作的结束节点的最迟时间,即
$$LF_{i-j} = LT_j \tag{3-10}$$
$$LF_{1-2} = LT_2 = 9$$
$$LF_{2-7} = LT_7 = 15$$

$$LF_{1-3}=LT_3=4$$
$$LF_{1-4}=LT_4=4$$
$$LF_{3-4}=LT_4=4$$
$$LF_{3-6}=LT_6=10$$
$$LF_{4-5}=LT_5=10$$
$$LF_{5-6}=LT_6=10$$
$$LF_{5-7}=LT_7=15$$
$$LF_{6-7}=LT_7=15$$

（4）工作的最迟开始时间　等于该工作的最迟完成时间与持续时间之差，即
$$LS_{i-j}=LF_{i-j}-T_{i-j} \tag{3-11}$$
或
$$LS_{i-j}=LT_j-T_{i-j} \tag{3-12}$$
根据式（3-11）可得
$$LS_{1-2}=LF_{1-2}-T_{1-2}=9-6=3$$
$$LS_{2-7}=LF_{2-7}-T_{2-7}=15-6=9$$
$$LS_{1-3}=LF_{1-3}-T_{1-3}=4-4=0$$
$$LS_{1-4}=LF_{1-4}-T_{1-4}=4-3=1$$
$$LS_{3-6}=LF_{3-6}-T_{3-6}=10-5=5$$
$$LS_{4-5}=LF_{4-5}-T_{4-5}=10-6=4$$
$$LS_{6-7}=LF_{6-7}-T_{6-7}=15-5=10$$
$$LS_{5-7}=LF_{5-7}-T_{5-7}=15-5=10$$

（5）工作的总时差　等于该工作的最迟完成时间与最早完成时间之差或该工作的最迟开始时间与最早开始时间之差，即
$$TF_{i-j}=LF_{i-j}-EF_{i-j}=LT_j-(ET_i+T_{i-j})=LT_j-ET_i-T_{i-j} \tag{3-13}$$
或
$$TF_{i-j}=LS_{i-j}-ES_{i-j} \tag{3-14}$$
根据式（3-13）可得
$$TF_{1-2}=LF_{1-2}-EF_{1-2}=9-6=3$$
$$TF_{2-7}=LF_{2-7}-EF_{2-7}=15-12=3$$
$$TF_{1-3}=LF_{1-3}-EF_{1-3}=4-4=0$$
$$TF_{1-4}=LF_{1-4}-EF_{1-4}=4-3=1$$
$$TF_{3-6}=LF_{3-6}-EF_{3-6}=10-9=1$$
$$TF_{5-7}=LF_{5-7}-EF_{5-7}=15-15=0$$
$$TF_{6-7}=LF_{6-7}-EF_{6-7}=15-15=0$$

在此需说明：$TF_{1-2}=3$，$TF_{2-7}=3$，并非该线路上有6天时差，如果TF_{1-2}用了3天时差，则工作②→⑦成为关键工作而无时差，线路①→②→⑦也成为关键线路。

（6）工作的自由时差　等于紧后工作的最早开始时间减去本工作最早完成时间所得值的最小值，即
$$\begin{aligned}FF_{i-j}&=(EF_{j-k}-T_{i-j}-ES_{i-j})\\&=\min(EF_{j-k})-ES_{i-j}-T_{i-j}\\&=\min(EF_{j-k})-ET_i-T_{i-j}\end{aligned} \tag{3-15}$$

工作$j-k$为工作$i-j$的紧后工作。

由式（3-15）可知

$$TF_{i-j} \geqslant FF_{i-j} \quad (3-16)$$

根据式（3-15）可得

$$FF_{1-2} = FS_{2-7} - ES_{1-2} - T_{1-2}$$
$$= 6 - 0 - 6$$
$$= 0$$

同样可得

$$FF_{2-7} = 3$$
$$FF_{1-3} = 0$$
$$FF_{1-4} = 1$$
$$FF_{3-6} = 1$$
$$FF_{4-5} = 0$$
$$FF_{6-7} = 0$$
$$FF_{5-7} = 0$$

对于无紧后工作的工作的自由时差

$$FF_{i-j} = T_p - EF_i$$
$$= T_p - ES_{i-j} - T_{i-j} \quad (3-17)$$

式中　T_p——网络计划的计划工期；

　　ES_{i-j}——工作 $i—j$ 的最早开始时间；

　　EF_{i-j}——工作 $i—j$ 的最早完成时间；

　　T_{i-j}——工作 $i—j$ 的持续时间。

（7）关键路线　由计算可知关键线路有①—③—④—⑤—⑦和①—③—④—⑤—⑥—⑦两条（见图3-25）。本例中将各项工作的最早开始时间和最迟开始时间两个时间参数标注在图中称为二时标注法。

2. 按工作时间计算法

按工作时间计算法，就是以网络计划中的工作时间为对象，直接计算各项工作时间参数。

【例 3-5】 利用工作时间计算法，计算［例 3-4］中的各工作的时间参数。

网络图如图 3-26 所示。

1. 计算工作的最早开始时间和最早完成时间

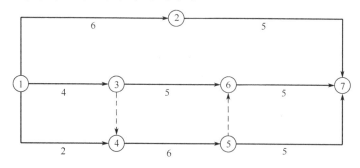

图 3-26　［例 3-5］网络图

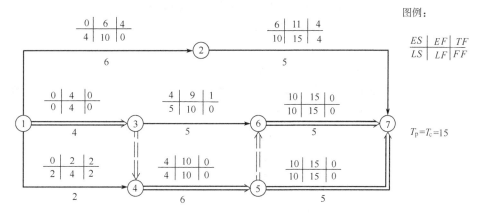

图 3-27 双代号网络计划（六时标注法）

(1) 该工作最早开始时间 等于其紧前工作的最早完成时间的最大值，即
$$ES_{i-j} = \max(EF_{h-i}) \tag{3-18}$$
工作 $h—i$ 为工作 $i—j$ 的紧前工作，起始工作的最早开始时间为零。
$$ES_{1-2} = ES_{1-3} = ES_{1-4} = 0$$
$$ES_{2-7} = ES_{1-2} + T_{1-2} = 0 + 6 = 6$$
$$ES_{3-6} = ES_{1-3} + T_{1-3} = 0 + 4 = 4$$
$$ES_{4-5} = \max(ES_{1-3}, ES_{1-4})$$
$$= \max(4, 3) = 3$$

同样可得
$$ES_{5-7} = 10$$
$$ES_{6-7} = \max(10, 9) = 10$$

本例中将每项工作的六个时间参数均标注在图 3-27 中，称为六时标注法。

(2) 工作的最早完成时间 等于该工作的最早开始时间与其工作的持续时间之和，即：
$$EF_{i-j} = ES_{i-j} + T_{i-j} \tag{3-19}$$
根据式 (3-19) 可得
$$EF_{1-2} = ES_{1-2} + T_{1-2} = 0 + 6 = 6$$
$$EF_{1-3} = ES_{1-3} + T_{1-3} = 0 + 4 = 4$$
$$EF_{1-4} = ES_{1-4} + T_{1-4} = 0 + 3 = 3$$

同样可得
$$EF_{2-7} = 12$$
$$EF_{3-6} = 9$$
$$EF_{4-5} = 10$$
$$EF_{6-7} = 15$$

2. 计算网络计划的工期

网络计划的工期等于以终点节点为完成节点的最早完成时间的最大值，即
$$T_c = \max(EF_{m-n}) = \max(ES_{m-n} + T_{m-n}) \tag{3-20}$$
EF_{m-n} 表示以 n 为完成节点工作的最早完成时间。

本题网络计划的工期

$$T_c = \max(EF_{2-7}, EF_{5-7}, EF_{6-7})$$
$$= \max(12, 15, 15)$$
$$= 15$$

3. 计算工作的最迟开始时间和最迟完成时间

(1) 工作的最迟完成时间 应从网络计划的结束节点逆箭方向开始计算,且有结束工作的最迟完成时间不应超过网络计划的计划工期,即

$$LF_{m-n} \leqslant T_p \tag{3-21}$$

取其最大值,可得

$$LF_{m-n} = T_p$$

工作 $m—n$ 的紧前工作 $l—m$ 最迟完成时间为

$$LF_{l-m} = LF_{m-n} - T_{m-n} \tag{3-22}$$

本例的计划工期

$$T_p = 15$$
$$LF_{2-7} = LF_{5-7} = LF_{6-7} = 15$$

然后按式 (3-21) 依次计算各工作的最迟完成时间,即

$$LF_{3-6} = LF_{4-5} = 10$$
$$LF_{1-4} = 4$$
$$LF_{1-3} = 4$$
$$LF_{1-2} = 9$$

对于有多紧后工作的,最迟完成时间为

$$LF_{i-j} = \min(LF_{j-k} - T_{j-k}) \tag{3-23}$$

工作 $j—k$ 为工作 $i—j$ 的紧后工作。

如本例中的工作 1—3 的最迟完成时间为

$$LF_{1-3} = \min(LF_{3-6}, LF_{4-6})$$
$$= \min(10-5, 10-6)$$
$$= 4$$

(2) 工作的最迟开始时间 等于该工作的最迟完成时间减去该工作的持续时间,即

$$LS_{i-j} = LF_{i-j} - T_{i-j} \tag{3-24}$$

根据式 (3-23) 可得

$$LS_{2-7} = LF_{2-7} - T_{2-7} = 15 - 6 = 9$$
$$LS_{6-7} = LF_{6-7} - T_{6-7} = 15 - 5 = 10$$

同样可得

$$LS_{5-7} = 10$$
$$LS_{3-6} = 5$$
$$LS_{4-5} = 4$$
$$LS_{1-4} = 1$$
$$LS_{1-3} = 0$$
$$LS_{1-2} = 3$$

4. 计算工作中的总时差和自由时差

(1) 工作的总时差 等于该工作的最迟完成时间减去最早完成时间或该工作的早迟开始

时间减去最早开始时间，即

$$TF_{i-j}=LF_{i-j}-EF_{i-j}=LS_{i-j}-ES_{i-j} \tag{3-25}$$

计算同［例 3-4］。

（2）工作的自由时差

① 对于有紧后工作的工作，其自由时差等于本工作紧后工作最早开始时间减去本工作的最早完成时间之差的最小值，即

$$FF_{i-j}=\min(ES_{j-k}-EF_{i-j})$$
$$=\min(ES_{j-k}-ES_{i-j}-T_{i-j}) \tag{3-26}$$

工作 $j—k$ 为工作 $i—j$ 的紧后工作。

② 对于无紧后工作的工作的自由时差，计算公式同式（3-17）。各工作的自由时差计算结果同［例 3-4］。

5. 确定关键工作和关键线路

在网络计划中，如果 $T_p=T_c$，则总时差为零的工作为关键工作，如本例中 $TF=0$ 的工作均为关键工作；如果 $T_p<T_c$，则总时差最小的工作为关键工作。由关键工作首尾相连，构成从起始节点至结束节点的工作路线，即成为网络计划的关键线路。关键线路各项工作的持续时间总和最大。在网络计划中，关键线路可能有一条或者若干条，一般均可以用粗箭线、双箭线或彩色箭线标注。

本例中将每项工作的六个时间参数均标注在图中，称为六时标注法。

3. 标号法

标号法是一种快速寻求网络计划计算工期和关键线路的方法。它利用按节点计算法的基本原理，对网络计划中的每一个节点进行标号，然后利用标号确定网络计划的计算工期和关键线路。

下面以图 3-28 所示网络计划为例，说明标号法的计算过程。其计算结果如图 3-29 所示。

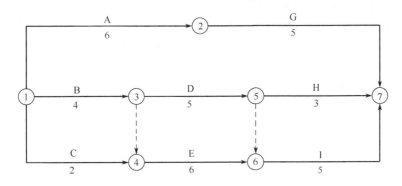

图 3-28　双代号网络计划

① 网络计划起点节点的标号值为零。例如在本例中节点①标号值为零，即

$$b_1=0 \tag{3-27}$$

② 其他节点的标号值应根据下式按节点编号从小到大的顺序逐个进行计算，即

$$b_j=\max\{b_i+T_{i-j}\} \tag{3-28}$$

式中　b_j——工作 $i—j$ 的完成节点 j 的标号值；

b_i——工作 $i—j$ 的开始节点 j 的标号值；

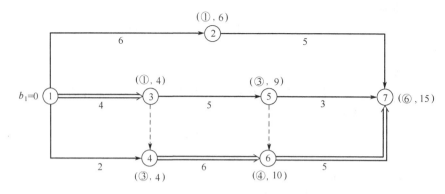

图 3-29　双代号网络计划（标号法）

T_{i-j}——工作 $i-j$ 的持续时间。

例如在本例中，节点③和节点④的标号值分别为

$$b_3 = b_1 + T_{1-3} = 0 + 4 = 4$$
$$b_4 = \max\{b_1 + T_{1-4}, b_3 + T_{3-4}\}$$
$$= \max\{0+2, 4+0\}$$
$$= 4$$

当计算出节点标号值后，应该用其标号值及起源节点对该节点进行双标号。所谓起源节点，就是用来确定本节点标号值的节点。例如在本例中，节点④的标号值 4 是由节点③所确定，故节点④的起源节点就是节点③。如果起源节点有多个，应将所有起源节点标出。

③ 网络计划的计算工期就是网络计划终点节点的标值。例如在本例中，其计算工期等于终点节点⑦的标号值 15。

④ 关键线路应从网络计划的终点节点开始，逆着箭线方向按起源节点可以找出关键线路为①—③—④—⑥—⑦。

三、单号代网络计划时间参数计算

单号代网络计划与双号代网络计划只是表现形式不同，它们所表达的内容则完全一样。下面以图 3-30 所示单代号网络计划为例，说明其时间参数的计算过程。计算结果如图 3-31 所示。

1. 计算工作的最早开始时间和最早完成时间

工作最早开始时间和最早完成时间的计算应从网络计划的起点节点开始，顺着箭线方向

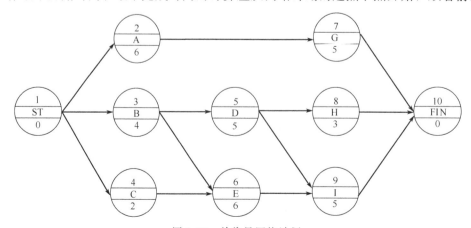

图 3-30　单代号网络计划

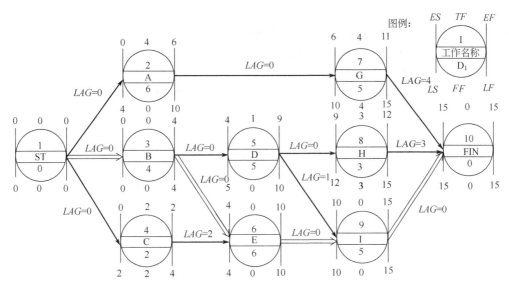

图 3-31 单代号网络计划时间参数计算结果

按节点编号从小到大的顺序依次进行。其计算步骤如下。

① 网络计划起点节点所代表的工作，其最早开始时未规定时取值为零。例如在本例中，起点节点 ST 所代表的工作（虚拟工作）的最早开始时间为零，即

$$ES_1=0 \tag{3-29}$$

② 工作的最早完成时间应等于本工作的最早开始时间与其持续时间之和，即

$$EF_i=ES_i+T_i \tag{3-30}$$

式中　EF_i——工作 i 的最早完成时间；

　　　ES_i——工作 i 的最早开始时间；

　　　T_i——工作 i 的持续时间。

例如在本例中，虚拟工作 ST 和工作 A 的最早完成时间分别为

$$EF_1=ES_1+T_1=0+0=0$$
$$EF_2=ES_2+T_2=0+6=6$$

③ 其他工作的最早开始时间应等于其紧前工作最早完成时间的最大值，即

$$ES_j=\max\{EF_i\} \tag{3-31}$$

式中　ES_j——工作 j 的最早开始时间；

　　　EF_i——工作 j 的紧前工作 i 的最早完成时间。

例如在本例中，工作 E 和工作 G 的最早开始时间分别为

$$ES_6=\max\{EF_3,EF_4\}=\max\{4,2\}=4$$
$$ES_7=EF_2=6$$

④ 网络计划的计算工期等于其终点节点所代表的工作的最早完成时间。例如在本例中，其计算工期为

$$T_c=EF_{10}=15$$

2. 计算相邻两项工作之间的时间间隔

相邻两项工作之间的时间间隔是指其紧后工作的最早开始时间与本工作最早完成时间的差值，即

$$LAG_{i,j} = ES_j - EF_i \tag{3-32}$$

式中 $LAG_{i,j}$——工作 i 与其紧后工作 j 之间的时间间隔；

ES_j——工作 i 的紧后工作 j 的最早开始时间；

EF_i——工作 i 的最早完成时间。

例如在本例中，工作 A 与工作 G、工作 C 与工作 E 的时间间隔分别为

$$LAG_{2,7} = ES_7 - EF_2 = 6 - 6 = 0$$
$$LAG_{4,6} = ES_6 - EF_4 = 4 - 2 = 2$$

3. 确定网络计划的计划工期

网络计划的计划工期仍按式（3-1）或式（3-2）确定。在本例中，假设未规定要求工期，则其计划工期就等于计算工期，即

$$T_p = T_c = 15$$

4. 计算工作的总时差

工作总时差的计算应从网络计划的终点节点开始，逆着箭线方向按节点编号从大到小的顺序依次进行。

① 网络计划终点节点 n 所代表的工作的总时差应等于计划工期与计算工期之差，即

$$TF_n = T_p - T_c \tag{3-33}$$

当计划工期等于计算工期时，该工作的总时差为零。例如在本例中，终点节点⑩所代表的工作 FIN（虚拟工作）的总时差为

$$TF_{10} = T_p - T_c = 15 - 15 = 0$$

② 其他工作的总时差应等于本工作与其各紧后工作之间的时间间隔加该紧后工作的总时差所得之和的最小值，即

$$TF_i = \min\{LAG_{i,j} + TF_j\} \tag{3-34}$$

式中 TF_i——工作 i 的总时差；

$LAG_{i,j}$——工作 i 与其紧后工作 j 之间的时间间隔；

TF_j——工作 i 的紧后工作 j 的总时差。

例如在本例中，工作 H 和工作 D 的总时差分别为

$$TF_8 = LAG_{8,10} + TF_{10} = 3 + 0 = 3$$
$$TF_5 = \min\{LAG_{5,8} + TF_8, LAG_{5,9} + TF_9\}$$
$$= \min\{0 + 3, 1 + 0\}$$
$$= 1$$

5. 计算工作的自由时差

① 网络计划终点节点 n 所代表的工作的自由时差等于计划工期与本工作的最早完成时间之差，即

$$FF_n = T_p - EF_n \tag{3-35}$$

式中 FF_n——终点节点 n 所代表的工作的自由时差；

T_p——网络计划的计划工期；

EF_n——终点节点 n 所代表的工作的最早完成时间（即计算工期）。

例如在本例中，终点节点⑩所代表的工作 FIN（虚拟工作）的自由时差为

$$FF_{10} = T_p - EF_{10} = 15 - 15 = 0$$

② 其他工作的自由时差等于本工作与其紧后工作之间时间间隔的最小值，即

$$FF_i = \min\{LAG_{i,j}\} \qquad (3-36)$$

式中 FF_i——工作 i 的自由时差；

$LAG_{i,j}$——工作 i 与紧后工作 j 之间时间间隔。

例如在本例中，工作 D 和工作 G 的自由时差分别为

$$FF_5 = \min\{LAG_{5,8}, LAG_{5,9}\} = \min\{0,1\} = 0$$
$$FF_7 = LAG_{7,10} = 4$$

6. 计算工作的最迟完成时间和最迟开始时间

工作的最迟完成时间和最迟开始时间的计算可按以下两种方法进行。

(1) 根据总时差计算

① 工作的最迟完成时间等于本工作的最早完成时间与其总时差之和，即

$$LF_i = EF_i + TF_i \qquad (3-37)$$

式中 LF_i——工作 i 的最迟完成时间；

EF_i——工作 i 的最早完成时间；

TF_i——工作 i 的总时差。

例如在本例中，工作 D 和工作 G 的最迟完成时间分别为

$$LF_5 = EF_5 + TF_5 = 9 + 1 = 10$$
$$LF_7 = EF_7 + TF_7 = 11 + 4 = 15$$

② 工作的最迟开始时间等于本与其总时差之和，即

$$LS_i = ES_i + TF_i \qquad (3-38)$$

式中 LS_i——工作 i 的最迟开始时间；

ES_i——工作 i 的最早开始时间；

TF_i——工作 i 的总时差。

例如在本例中，工作 D 和工作 G 的最迟开始时间分别为

$$LS_5 = ES_5 + TF_5 = 4 + 1 = 5$$
$$LS_7 = ES_7 + TF_7 = 6 + 4 = 10$$

(2) 根据计划工期计算

工作最迟完成时间和最迟开始时间的计算应从网络计划的终点节点开始，逆着箭线方向按节点编号从大到小的顺序依次进行。

① 网络计划终点节点 n 所代表的工作的最迟完成时间等于该网络计划的计划工期，即

$$LF_n = T_p \qquad (3-39)$$

式中 LF_n——工作 n 的最迟完成时间；

T_p——网络计划的计划工期。

例如在本例中，终点节点⑩所代表的工作 FIN（虚拟工作）的最迟完成时间为

$$LF_{10} = T_p = 15$$

② 工作的最迟开始时间等于本工作的最迟完成时间与其持续时间之差，即

$$LS_i = LF_i - T_i \qquad (3-40)$$

式中 LS_i——工作 i 的最迟开始时间；

LF_i——工作 i 的最迟完成时间；

T_i——工作 i 的持续时间。

例如在本例中，虚拟工作 FIN 和工作 G 的最迟开始时间分别为

$$LS_{10}=LF_{10}-T_{10}=15-0=15$$
$$LS_7=LF_7-T_7=15-5=10$$

③ 其他工作的最迟完成时间等于该工作各紧后工作最迟开始时间的最小值，即
$$LF_i=\min\{LS_j\} \tag{3-41}$$

式中　LF_i——工作 i 的最迟完成时间；

　　　LS_j——工作 i 的紧后工作 j 的最迟开始时间。

例如在本例中，工作 H 和工作 D 的最迟完成时间分别为
$$LF_8=LS_{10}=15$$
$$LF_5=\min\{LS_8,LS_9\}$$
$$=\min\{12,10\}$$
$$=10$$

7. 确定网络计划的关键线路

(1) 利用关键工作确定关键线路

如前所述，总时差最小的工作为关键工作。将这些关键工作相连，并保证相邻两项关键工作之间的时间间隔为零而构成的线路就是关键线路。

例如在本例中，由于工作 B、工作 E 和工作 I 的总时差均为零，故它们为关键工作。由网络计划的起点节点①和终点节点⑩与上述三项关键工作组成的线路上，相邻两项工作之间的时间间隔全部为零，故线路①—③—⑥—⑨—⑩为关键线路。

(2) 利用相邻两项工作之间时间间隔确定关键线路

从网络计划的终点节点开始，逆着箭线方向依次找出相邻两项工作之间时间间隔为零的线路就是关键线路。例如在本例中，逆着箭线方向可以直接找出关键线路①—③—⑥—⑨—⑩，因为在这条线路上，相邻两项工作之间的时间间隔均为零。

在网络计划中，关键线路可以用粗箭线或双箭线标出，也可以用彩色箭线标出。

第六节　双代号时标网络计划

双代号时标网络计划（简称时标网络计划）必须以水平时间坐标为尺度表示工作时间。时标的时间单位应根据需要在编制网络计划之前确定，可以是小时、天、周、月或季度等。

时标网络计划中，以实箭线表示工作，实箭线的水平投影长度表示该工作的持续时间；以虚箭线表示虚工作，由于虚工作的持续时间为零，故虚箭线只能垂直画；以波形线表示工作与其紧后工作之间的时间间隔（以终点节点为完成节点的工作除外，当计划工期等于计算工期时，这些工作箭线中波形线的水平投影长度表示其自由时差）。

时标网络计划具有网络计划的优点，又具有横道计划直观易懂的优点，它将网络计划的时间参数直观地表达出来。

一、时标网络计划的编制方法

时标网络计划宜按各项工作的最早开始时间编制。为在编制时标网络计划时应使每一个节点和每一项工作（包括虚工作）方向向左靠，直至不出现从右向左的逆向箭线为止。在编制时标网络计划之前，应先按已经确定的时间单位绘制时标网络计划表；时间坐标可以标注在时标网络计划表的顶部或底部；当网络计划的规模比较大，且比较复杂时，可以在时标网络计划表的顶部和底部同时标注时间坐标。有时，还可以在顶部时间坐标之上或底部时间坐

标之下同时加注日历时间。网络计划见表 3-8。表中部的刻度线宜为细线，为使图面清晰简洁，此线也可不画或少画。

编制时标网络计划应先绘制无时标的网络计划草图，然后按间接绘制法或直接绘制法进行。

1. 间接绘制法

所谓间接绘制法，是指先根据无时标的网络计划草图计算其时间参数并确定关键线路，然后在时标网络计划表中进行绘制。在绘制时应先将所有节点按其最早时间定位在时标网络计划表中的相应位置，然后再用规定线型（实箭线和虚箭线）按比例绘出工作和虚工作。

当某些工作箭线的长度不足以到达该工作的完成节点时，利用波形线补足，箭头应画在与该工作完成节点的连接处。

表 3-8　时标网络计划

日　历																
（时间单位）	1	2	3	4	5	6	7	8	9	10	11	12	13	14	15	16
网络计划																
（时间单位）	1	2	3	4	5	6	7	8	9	10	11	12	13	14	15	16

2. 直接绘制法

直接绘制法，是指不计算时间参数而直接按无时标的网络计划草图绘制时标网络计划。现以图 3-32 所示网络计划为例说明时标网络计划的绘制过程。

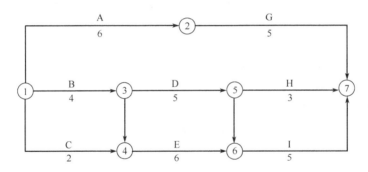

图 3-32　双代号网络计划

① 将网络计划的起点节点定位在时标网络计划表的起始刻度线上。如图 3-33 所示，节点①就是定位在时标网络计划表的起始刻度线"0"位置上。

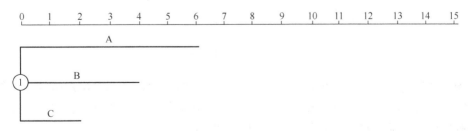

图 3-33　直接绘制第一步

② 按工作的持续时间绘制以网络计划起点节点为开始节点的工作箭线。如图 3-33 所示，分别绘出工作箭线 A、B 和 C。

③ 除网络计划的起点节点外，其他节点必须在所有以该节点为完成节点的工作箭线均绘出后，定位在这些工作箭线中最迟的箭线末端。当某些工作箭线的长度不足以到达该节点时，须用波形线补足，箭头画在与该节点的连接处。例如在本例中，节点②直接定位在工作箭线 A 的末端；节点③直接定位在工作箭线 B 的末端；节点④的位置需要在绘出虚箭线③---→④之后，定位在工作箭线 C 和虚箭线③---→④中最迟的箭线末端，即坐标"4"的位置上。此时，工作箭线 C 的长度不足以到达节点④，因而用波形线补足，如图 3-34 所示。

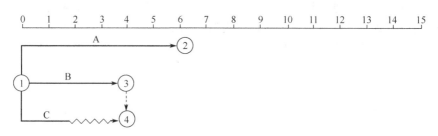

图 3-34　直接绘制第二步

④ 当某个节点的位置确定之后，即可绘制以该节点为开始节点的工作箭线。例如在本例中，在图 3-35 基础之上，可以分别以节点②、节点③和节点④为开始节点绘制工作箭线 G、工作箭线 D 和工作箭线 E，如图 3-36 所示。

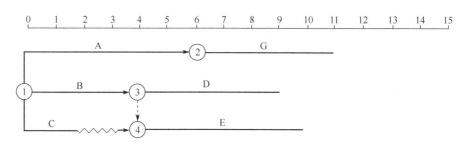

图 3-35　直接绘制第三步

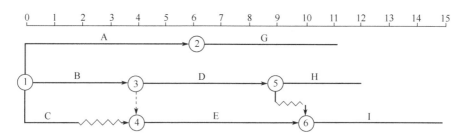

图 3-36　直接绘制第四步

⑤ 利用上述方法从左至右依次确定其他各个节点的位置，直至绘出网络计划的终点节点。例如在本例中，在图 3-36 基础之上，可以分别确定节点⑤和节点⑥的位置，并在它们之后分别绘制工作箭线 H 和工作箭线 I，如图 3-37 所示。

最后，根据工作箭线 G、工作箭线和工作箭线 I 确定出终点节点的位置，本例所对应的时标网络计划如图 3-37 所示，图中双箭线的线路为关键。

在绘制时标网络计划时，特别需要注意的问题是处理好虚箭线。首先，应将虚箭线箭线

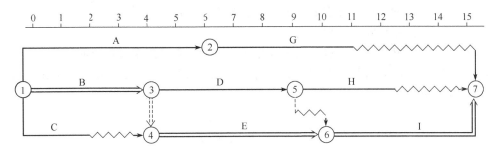

图 3-37 双代号时标网络计划

等同看待,只是其对应工作的持续时间为零;其次,尽管它本身没有持续时间,但可能存在波形线,因此,要按规定画出波形线。在画波形线时,其垂直部分仍应画为虚线(如图3-37所示时标网络计划中的虚箭线⑤---▶⑥)。

二、时标网络计划中时间参数的确定

1. 关键线路和计算工期的判定

(1) 关键线路的判定

时标网络计划中的关键线路可从网络计划的终点节点开始,逆着箭线方向进行判定。凡自始至终不出现波形线的线路即为关键线路。因为不出现波形线,就说明在这条线路上相邻两项工作之间的时间间隔全部为零,也就是在计算工期等于计划工期的前提下,这些工作的总时差和自由时差全部为零。例如在图 3-37 所示时标网络计划中,线路①—③—④—⑥—⑦即为关键线路。

(2) 计算工期的判定

网络计划的计算工期应等于终点节点所对应的时标值与起点节点所对应的时标值之差。例如,图 3-37 所示时标网络计划的计算工期为

$$T_c = 15 - 0 = 15$$

2. 相邻两项工作之间时间间隔的判定

除以终点节点为完成节点的工作外,工作箭线中波形线的水平投影长度表示工作与其紧后工作之间的时间间隔;例如在图 3-37 所示的时标网络计划中,工作 C 和工作 A,之间的时间间隔为 2;工作 D 和工作 I 之间的时间间隔为 1;其他工作之间的时间间隔均为零。

3. 工作六个时间参数的判定

(1) 工作最早开始时间和最早完成时间的判定

工作箭线左端节点中心所对应的时标值为该开始时间。当工作箭线中不存在波形线时,其右端节点中心所对应的时标值为该工作的最早完成时间;当工作箭线中存在波形线时,工作箭线实线部分右端点所对应的时标值为该工作的最早完成时间。例如在图 3-31 所示的时标网络计划中,工作 A 和工作 H 的最早开始时间分别为 0 和 9,而它们的最早完成时间分别为 6 和 12。

(2) 工作总时差的判定

工作总时差的判定应从网络计划的终点节点开始,逆着箭线方向依次进行。

① 以终点节点为完成节点的工作,其总时差应等于计划工期与本工作最早完成时间之差,即

$$TF_{i-n} = T_p - EF_{i-n} \tag{3-42}$$

式中 TF_{i-n}——以网络计划终点节点 n 为完成节点的工作的总时差;

T_p——网络计划的计划工期;

EF_{i-n}——以网络计划终点节点 n 为完成节点的工作的最早完成时间。

例如在图 3-37 所示的时标网络计划中,假设计划工期为 15,则工作 G、工作 H 和工作 I 的总时差分别为

$$TF_{2-7}=T_p-EF_{2-7}=15-11=4$$

$$TF_{5-7}=T_p-EF_{5-7}=15-12=3$$

$$TF_{6-7}=T_p-EF_{6-7}=15-15=0$$

② 其他工作的总时差等于其紧后工作的总时差加本工作与该紧后工作之间的时间间隔所得之和的最小值,即

$$TF_{i-j}=\min\{TF_{j-k}+LAG_{i-j,j-k}\} \tag{3-43}$$

式中 TF_{i-j}——工作 $i-j$ 的总时差;

TF_{j-k}——工作 $i-j$ 的紧后工作(非虚工作)的总时差;

$LAG_{i-j,j-k}$——工作 $i-j$ 与其紧后工作 $j-k$ (非虚工作)之间的时间间隔。

例如在图 3-37 所示的时标网络计划中,工作 A、工作 C 和工作 D 的总时差分别为

$$TF_{1-2}=TF_{2-7}+LAG_{1-2,2-7}=4+0=4$$

$$TF_{1-4}=TF_{4-6}+LAG_{1-4,4-6}=0+2=2$$

$$TF_{3-5}=\min\{TF_{5-7}+LAG_{3-5,5-7},TF_{6-7}+LAG_{3-5,6-7}\}$$

$$=\min\{3+0,0+1\}$$

(3)工作自由时差的判定

① 以终点节点为完成节点的工作,其自由时差应等于计划工期与本工作最早完成时间之差,即

$$FF_{i-n}=T_p-EF_{i-n} \tag{3-44}$$

式中 FF_{i-n}——以网络计划终点节点 n 为完成节点的工作的总时差;

T_p——网络计划的计划工期;

EF_{i-n}——以网络计划终点节点 n 为完成节点的工作的最早完成时间。

例如在图 3-37 所示的时标网络计划中,工作 G、工作 H 和工作 I 的自由时差分别为

$$FF_{2-7}=T_p-EF_{2-7}=15-11=4$$

$$FF_{5-7}=T_p-EF_{5-7}=15-12=3$$

$$FF_{6-7}=T_p-EF_{6-7}=15-15=0$$

事实上,以终点节点为完成节点的工作,其自由时差与总时差必然相等。

② 其他工作的自由时差就是该工作箭线中波形线的水平投影长度。但当工作之后只紧接虚工作时,则该工作箭线上一定不存在波形线,而其紧接的虚箭线中波形线水平投影长度的最短者为该工作的自由时差。

例如在图 3-37 所示的时标网络计划中,工作 A、工作 B、工作 D 和工作 E 的自由时差均为零,而工作 C 的自由时差为 2。

(4)工作最迟开始和最迟完成时间的判定

① 工作的最迟开始时间等于本工作的最早开始时间与其总时差之和,即

$$LS_{i-j}=ES_{i-j}+TF_{i-j} \tag{3-45}$$

式中 LS_{i-j}——工作 $i-j$ 的最迟开始时间;

ES_{i-j}——工作 $i-j$ 的最早开始时间；

TF_{i-j}——工作 $i-j$ 的总时差。

例如在图 3-37 所示的时标网络计划中，工作 A、工作 C、工作 D、工作 G 和工作 H 的最迟开始时间分别为

$$LS_{1-2}=ES_{1-2}+TF_{1-2}=0+4=4$$
$$LS_{1-4}=ES_{1-4}+TF_{1-4}=0+2=2$$
$$LS_{3-5}=ES_{3-5}+TF_{3-5}=4+1=5$$
$$LS_{2-7}=ES_{2-7}+TF_{2-7}=6+4=10$$
$$LS_{5-7}=ES_{5-7}+TF_{5-7}=9+3=12$$

② 工作的最迟完成时间等于本工作的最早完成时间与其总时差之和，即

$$LF_{i-j}=EF_{i-j}+TF_{i-j} \tag{3-46}$$

式中 LF_{i-j}——工作 $i-j$ 的最迟完成时间；

EF_{i-j}——工作 $i-j$ 的最早完成时间；

TF_{i-j}——工作 $i-j$ 的总时差。

例如在图 3-37 所示的时标网络计划中，工作 A、工作 C、工作 D、工作 G 和工作 H 的最迟完成时间分别为

$$LF_{1-2}=EF_{1-2}+TF_{1-2}=6+4=10$$
$$LF_{1-4}=EF_{1-4}+TF_{1-4}=2+2=4$$
$$LF_{3-5}=EF_{3-5}+TF_{3-5}=9+1=10$$
$$LF_{2-7}=EF_{2-7}+TF_{2-7}=11+4=15$$
$$LF_{5-7}=EF_{5-7}+TF_{5-7}=12+3=15$$

三、时标网络计划的坐标体系

时标网络计划的坐标体系有计算坐标体系、工作日坐标体系和日历坐标体系三种。

1. 计算坐标体系

计算坐标体系主要用作网络计划时间参数的计算。采用该坐标体系便于时间参数的计算，但不够明确，如按照计算坐标体系，网络计划所表示的计划任务从第零天开始，就不容易理解。实际上应为第一天开始或明确示出开始日期。

2. 工作日坐标体系

工作日坐标体系可明确表示出各项工作在整个工程开工后第几天（上班时刻）开始和第几天（下班时刻）完成，但不能示出整个工程的开工日期和完工日期以及各项工作的开始日期和完成日期。

在工作日坐标体系中，整个工程的开工日期和各项工作的开始日期分别等于计算坐标体系中整个工程的开工日期和各项工作的开始日期加 1；而整个工程的完工日期和各项工作的完成日期就等于计算坐标体系中整个工程的完工日期和各项工作的完成日期。

3. 日历坐标体系

日历坐标体系可以明确表示出整个工程的开工日期和完工日期以及各项工作的开始日期和完成日期，同时还可以考虑扣除节假日休息时间。

图 3-38 所示的时标网络计划中同时标出了三种坐标体系。其中上面为计算坐标体系，中间为工作日坐标体系，下面为日历坐标体系。这里假定 4 月 24 日（星期三）开工，星期六、星期日和"五一"国际劳动节休息。

四、形象进度计划表

形象进度计划表也是建设工程进度计划的一种表达方式。它包括工作日形象进度计划表和日历形象进度计划表。

1. 工作日形象进度计划表

工作日形象进度计划表是一种根据带有工作日坐标体系的时标网络计划编制的工程进度计划表。根据图3-38所示的时标网络计划编制工作日形象进度计划表见表3-9。

2. 日历形象进度计划表

日历形象进度计划表是一种根据带有日历坐标体系的时标网络计划编制的工程进度计划表。根据图3-38所示的时标网络计划编制日历形象进度计划表见表3-10。

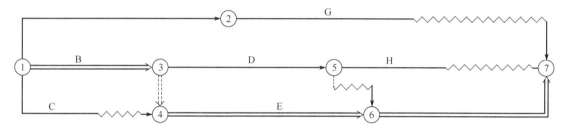

0	1	2	3	4	5	6	7	8	9	10	11	12	13	14	15
1	2	3	4	5	6	7	8	9	10	11	12	13	14	15	
24/4	25/4	26/4	29/4	30/4	6/5	7/5	8/5	9/5	10/5	13/5	14/5	15/5	16/5	17/5	
三	四	五	一	二	一	二	三	四	五	一	二	三	四	五	

图3-38 双代号时标网络计划

表3-9 工作日形象进度计划表

序号	工作代号	工作名称	持续时间	最早开始时间	最早完成时间	最迟开始时间	最迟完成时间	自由时差	总时差	关键工作
1	1—2	A	6	1	6	5	10	0	4	否
2	1—3	B	4	1	4	1	4	0	0	是
3	1—4	C	2	1	2	3	4	2	2	否
4	3—5	D	5	5	9	6	10	0	1	否
5	4—6	E	6	5	10	5	10	0	0	是
6	2—7	G	5	7	11	11	15	4	4	否
7	5—7	H	3	10	12	13	15	3	3	否
8	6—7	I	5	11	15	11	15	0	0	是

表3-10 日历形象进度计划表

序号	工作代号	工作名称	持续时间	最早开始日期	最早完成日期	最迟开始日期	最迟完成日期	自由时差	总时差	关键工作
1	1—2	A	6	24/4	6/5	30/4	10/5	0	4	否
2	1—3	B	4	24/4	29/4	24/4	29/4	0	0	是
3	1—4	C	2	24/4	25/4	26/4	29/4	2	2	否
4	3—5	D	5	30/4	9/5	6/5	10/5	0	1	否
5	4—6	E	6	30/4	10/5	30/4	10/5	0	0	是
6	2—7	G	5	7/5	13/5	13/5	17/5	4	4	否
7	5—7	H	3	10/5	14/5	13/5	17/5	3	3	否
8	6—7	I	5	13/5	17/5	13/5	17/5	0	0	是

第七节 网络计划的优化

网络计划的优化是指在一定约束条件，对网络计划不断改进，以获得在既定条件下的最优的计划方案。

根据网络计划的优化目标不同，有不同的优化理论方法和途径。通常包括工期优化（工期调整）、费用优化和资源优化等。由于进行这些工作的计算量既大又烦琐，除少量较简单的网络计划外需采用计算机方可完成。

下面本节仅简单介绍各种优化的一般方法。

一、工期优化

工期优化又称工期调整，是指网络计划的计划工期不满足要求工期时（一般是 $T_c > T_r$），通过压缩某些工作的持续时间或改变工作顺序等方法，以满足要求工期目标的过程。

这里介绍不改变各项工作的逻辑关系，只压缩某些工作的持续时间的方法。

1. 工期优化的方法

网络计划的工期是由关键线路的工作时间决定的，网络计划的计算工期不满足要求工期，即关键线路的工作时间大于要求工期。因此，工期优化时是通过优先压缩关键线路中的关键工作的持续时间来达到目的。当网络计划中不止一条关键线路，进行工期压缩时，必须将各条关键线路的总持续时间压缩相同数值，否则，不能有效压缩工期。当关键线路的持续时间压缩至使非关键线路成为关键线路，网络计划的计算工期仍不能满足要求时，按多条关键线路同时压缩持续时间方法继续进行，直至网络计算工期满足 $T_c \leqslant T_r$。

网络计划的工期优化可按下列步骤进行。

① 确定初始网络计划的关键线路和计算工期。

② 按要求工期确定初始网络计划的计算工期应压缩的时间 ΔT 为

$$\Delta T = T_c - T_r \qquad (3-47)$$

式中　T_c——网络计划的计算工期；

　　　T_r——要求工期。

③ 选择应压缩持续时间的关键工作。选择时应考虑如下因素：

a. 缩短持续时间对工作的质量和生产安全无影响或影响程度很小；

b. 因压缩时间而增加施工强度，有足够的空间和资源；

c. 因缩短工作持续时间，所需加的费用最少。

④ 将关键线路上的工作持续时间压缩 ΔT，即能满足要求。如果将关键线路上的工作持续时间压缩至至少一条非关键线路变成关键线路仍不能满足要求时，应同时压缩成为关键线路上的工作的持续时间时，也应遵从上述第③条要求。

⑤ 当一条或多条关键线路的时间均压缩至最短时，仍不能满足网络计划的工期不大于要求工期时，则应通过改变原技术方案或组织方案等方法，重新制定网络计划而达到 $T_c \leqslant T_r$ 要求。

2. 工期优化示例

【例 3-6】 已知某工程双代号网络计划如图 3-39 所示，图中箭线下方括号外数字为工作的正常持续时间，括号内数字为最短持续时间；箭线上括号内数字为优选系数，该系数综合考虑质量、安全和费用增加情况而确定。选择关键工作压缩其持续时间时，应选择优选系数最小的关键工作。若需要同时压缩多个关键工作的持续时间时，则它们的优选系数之和（组合优选系数）最小者应优先作为压缩对象。现假设要求工期为 15，试对其进行工期优化。

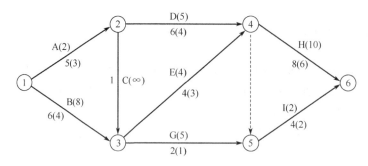

图 3-39　初始网络计划

解　该网络计划的工期优化可按以下步骤进行。

① 根据各项工作的正常持续时间，用标号法确定网络计划的计算工期和关键线路，如图 3-40 所示。此时关键线路为①—②—④—⑥

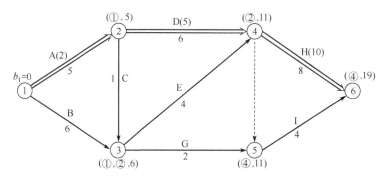

图 3-40　初始网络计划的关键线路

② 计算应缩短的时间

$$\Delta T = T_e - T_r = 19 - 15 = 4$$

③ 由于此时关键工作为工作 A、工作 D 和工作 H，而其中工作 A 的优选系数最小，故应将工作 A 作为优先压缩对象。

④ 将关键工作 A 的持续时间压缩至最短持续时间 3，利用标号法确定新的计算工期和关键线路，如图 3-41 所示。此时，关键工作 A 被压缩成非关键工作，故将其持续时间 3 延

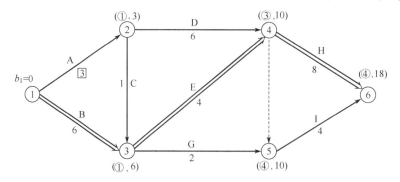

图 3-41　工作量压缩至最短持续时间的关键线路

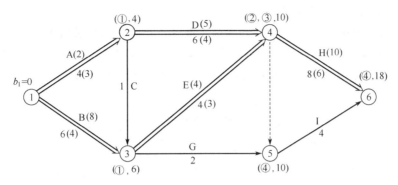

图 3-42 第一次压缩后的网络计划

长为 4，使之成为关键工作。工作 A 恢复为关键工作之后，网络计划中出现两条关键线路，即①—②—④—⑥和①—③—④—⑥，如图 3-42 所示。

⑤ 由于此时计算工期为 18，仍大于要求工期，故需继续压缩。需要缩短的时间：$\Delta T_1 = 18 - 15 = 3$。在图 3-42 所示网络计划中，有以下 5 个压缩方案。

a. 同时压缩工作 A 和工作 B，组合优选系数为 2+8=10；
b. 同时压缩工作 A 和工作 E，组合优选系数为 2+4=6；
c. 同时压缩工作 B 和工作 D，组合优选系数为 8+5=13；
d. 同时压缩工作 D 和工作 E，组合优选系数为 5+4=9；
e. 同时压缩工作 H，优选系数为 10。

在上述压缩方案中，由于工作 A 和工作 E 的组合优选系数最小，故应选择同时压缩工作 A 和工作 E 的方案。将这两项工作的持续时间各压缩 1（压缩至最短），再用标号法确定计算工期和关键线路，如图 3-43 所示。此时，关键线路仍为两条，即：①—②—④—⑥和①—③—④—⑥。

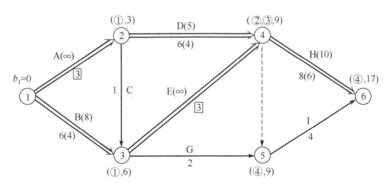

图 3-43 第二次压缩后的网络计划

在图 3-43 中，关键工作 A 和工作 E 持续时间已达最短，不能再压缩，它们的优选系数变为无穷大。

f. 由于此时计算工期为 17，仍大于要求工期，故需继续压缩。需要缩短的时间
$$\Delta T_2 = 17 - 15 = 2$$
在图 3-43 所示网络计划中，由于关键工作 A 和 E 已不能再压缩，故此进只是有两个压缩方案。

a. 同时压缩工作 B 和工作 D，组合优选系数为 8+5=13；

b. 压缩工作 H，优选系数为 10。

在上述压缩方案中，由于工作 H 的优选系数最小，故应选择压缩工作 H 的方案。将工作 H 的持续时间缩短 2，再用标号法确定计算工期和关键线路，如图 3-44 所示。此时，计算工期为 15，已符合要求工期，故图 3-44 所示网络计划即为优化方案。

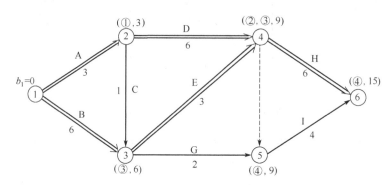

图 3-44　工期优化后的网络计划

二、费用优化

费用优化有称工期成本优化，是指寻求工程总成本费用最低时工期安排，或按要求工期寻求最低成本的计划安排的过程。

1. 费用和时间的关系

在建设工程施工过程中，完成一项工作通常可以采用多种施工方法和组织方法，而不同的施工方法和组织方法又会有不同的持续时间和费用。由于一项建设工程往往包含许多工作，所以在安排工程计划时，就会出现许多方案。进度方案不同，所对应的总工期和总费用也就不同。为了能从多种方案中找出总成本最低的方案，必须首先分析费用时间之间的关系。

（1）工程费用与工期的关系

工程费用是由直接费、间接费、利润和税金四部分组成。利润和税金在正常条件下与工期的关系不大；间接费一般随着工期的延长而增加。工程的直接费是由人工费、材料费、机械使用费、其他直接费及现场经费等组成。施工方案不同，直接费也就不同当施工方案，确定后，工程直接费会随着工期增加而减少。所以工程总费用与工期的关系如图 3-45 所示。

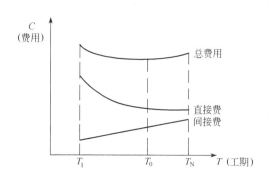

图 3-45　工期-费用曲线

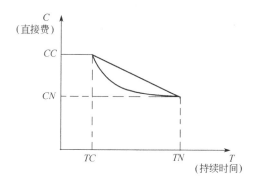

图 3-46　直接费-持续时间曲线

（2）工作直接费与时间的关系

已经知道工程的直接费，在方案确定的前提下，会随着工期增加而减少，当然它不会无限减少,而是有一个渐近值。同样,工作直接费与持续时间之间的关系,如图 3-46 所示。

为了简化计算,用 CN 之间的直线代替曲线进行计算。先得出 CN 之间斜率,即 CN 之间工作直接费费率为

$$\Delta C_{i-j} = \frac{CC_{i-j} - CN_{i-j}}{TC_{i-j} - TN_{i-j}} \tag{3-48}$$

式中 ΔC_{i-j}——工作 i—j 的直接费费率;

CC_{i-j}——工作 i—j 持续时间最短时的直接费费率;

CN_{i-j}——工作 i—j 持续时间正常时的直接费费率;

TC_{i-j}——工作 i—j 最短持续时间;

TN_{i-j}——工作 i—j 正常持续时间。

由式(3-48)可知:ΔC_{i-j} 越大,曲线 CN 之间的斜率越大,说明该工作的直接费费率越大,每缩短一个时间单位所需要增加的直接费越多;反之,说明该工作的持续时间缩短一个时间单位,所需增加的费用就少。

缩短工作的持续时间,工程直接费就增加。要压缩关键线路上的工作持续时间,以达到缩短工期的目的,应选择直接费费率最小的工作为压缩对象。如果需要同时压缩多项工作的持续时间,应选择一组直接费费率(组合直接费费率)之和最小的工作为压缩对象。这样,需要增加的工程直接费会最少。

2. 费用优化方法

从图 3-45 中可以看出:施工方案确定后,决定工程总费用多少的两项主要费用——"工程直接费"随工期缩短,而增加;"工程间接费"随工期的延长而增加。这样,由工程直接费和间接费构成的工程费,以时间参数而成的函数总有一个极小值点,即工期合适工程总费用最低。由这个结果可以得出费用优化的基本方法:首先,确定网络计划中各工作的工程直接费费率和工程间接费费率;其次,选择网络计划中关键线路上直接费费率或组合直接费费率最小的工作作为压缩持续时间的对象;再次计算压缩工作持续时间的各工作工程直接费增加和工程间接费减少的数值,以求得工程总费用最低时的最合理工期或按要求工期求得最低费用的计划安排。

按上述方法,费用优化可按以下步骤进行。

① 按已定的网络计划,确定各工作的持续时间、条件下的关键线路,并计算工期及需要调整的工期。

② 计算各工作的工程直接费费率和工程间接费费率。

③ 选择压缩持续时间的工作。网络计划只有一条关键工作时,应选择直接费费率最小的工作作为缩短持续时间的对象;当网络计划有多条关键线路,或将只有一条关键线路因压缩时间,使其他的关键线路变为关键线路时,应选择组合直接费费率最小的一组工作作为缩短持续时间的对象。

④ 对不同的优化目标,压缩工作持续时间的条件和结果均不同。

a. 当优化目标为最合理工期下的最低费用时,缩短一次关键工作或一组关键工作持续时间的最终标准是:增加的工程直接费费率最小,减小的工程间接费费率最大,确保工期减少至合理工期,工程费用降低最大。

b. 当优化目标为要求工期下的最低费用时,缩短工作持续时间的最终标准是:要求工期不小于最合理工期时,按 a. 执行;要求工期小于最合理工期时,首先压缩工程直接费费

率不大于工程间接费费率的关键工作或组合费费率的关键工作的持续时间，然后压缩工程直接费费率大于工程间接费费率最小的关键工作或组合费直接费费率的关键工作的持续时间，直至达到目的。

⑤ 当压缩关键工作持续时间，应遵循如下原则：

a. 压缩后的工作持续时间不得小于最短持续时间；

b. 关键工作持续时间被压缩后，不得成为非关键工作。

⑥ 计算优化后的工程各费用。

⑦ 重新编绘优化后的网络计划。

3. 费用优化示例

【例 3-7】 已知某工程双代号网络计划如图 3-47 所示，图中箭线下方括号外数字为工作的正常时间，括号内数字为最短持续时间；箭线上方括号外数字为工作按正常持续时间完成时所需的直接费，括号内数字为工作按最短持续时间的直接费。该工程的间接费费率为 0.8 万元/天，试对其进行费用化。

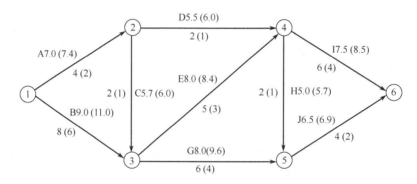

图 3-47 初始网络计划

（费用单位为万元；时间单位为天）

解 该网络计划的费用优化可按以下步骤进行。

（1）根据各项工作的正常持续时间，用标号法确定计划的计算工期和关键线路，如图 3-48 所示，计算工期为 19 天，关键线路有两条，即：①—③—④—⑥和①—③—④—⑤—⑥。

（2）计算各项工作的直接费费率。

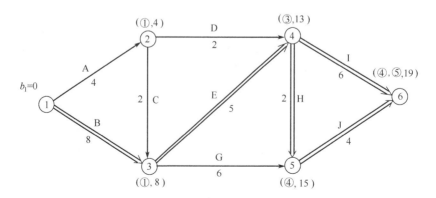

图 3-48 初始网络计划中的关键线路

$$\Delta C_{1-2} = \frac{CC_{1-2}-CN_{1-2}}{TN_{1-2}-TC_{1-2}} = \frac{7.4-7.0}{4-2} = 0.2 \text{ (万元/天)}$$

$$\Delta C_{1-3} = \frac{CC_{1-3}-CN_{1-3}}{TN_{1-3}-TC_{1-3}} = \frac{11.0-9.0}{8-6} = 1.0 \text{ (万元/天)}$$

$$\Delta C_{2-3} = \frac{CC_{2-3}-CN_{2-3}}{TN_{2-3}-TC_{2-3}} = \frac{6.0-5.7}{2-1} = 0.3 \text{ (万元/天)}$$

$$\Delta C_{2-4} = \frac{CC_{2-4}-CN_{2-4}}{TN_{2-4}-TC_{2-4}} = \frac{6.0-5.5}{2-1} = 0.5 \text{ (万元/天)}$$

$$\Delta C_{3-4} = \frac{CC_{3-4}-CN_{3-4}}{TN_{3-4}-TC_{3-4}} = \frac{8.4-8.0}{5-3} = 0.2 \text{ (万元/天)}$$

$$\Delta C_{3-5} = \frac{CC_{3-5}-CN_{3-5}}{TN_{3-5}-TC_{3-5}} = \frac{9.6-8.0}{6-4} = 0.8 \text{ (万元/天)}$$

$$\Delta C_{4-5} = \frac{CC_{4-5}-CN_{4-5}}{TN_{4-5}-TC_{4-5}} = \frac{5.7-5.0}{2-1} = 0.7 \text{ (万元/天)}$$

$$\Delta C_{4-6} = \frac{CC_{4-6}-CN_{4-6}}{TN_{4-6}-TC_{4-6}} = \frac{8.5-7.5}{6-4} = 0.5 \text{ (万元/天)}$$

$$\Delta C_{5-6} = \frac{CC_{5-6}-CN_{5-6}}{TN_{5-6}-TC_{5-6}} = \frac{6.9-6.5}{4-2} = 0.2 \text{ (万元/天)}$$

(3) 计算工程总费用

① 直接费总和

$$C_d = 7.0+9.0+5.7+5.5+8.0+8.0+5.0+7.5+6.5 = 62.2 \text{ (万元)}$$

② 间接费总和

$$C_i = 0.8 \times 19 = 15.2 \text{ (万元)}$$

③ 工程总费用

$$C_t = C_d + C_i = 62.2 + 15.2 = 77.4 \text{ (万元)}$$

(4) 通过压缩关键工作的持续时间进行费用优化

① 第一次压缩。从图3-48可知，该网络计划中有两条关键线路，为了同时缩短两条关键线路的总持续时间，有以下4个压缩方案。

a. 压缩工作B，直接费费率为1.0万元/天；

b. 压缩工作E，直接费费率为0.2万元/天；

c. 同时压缩工作H和工作I，组合直接费费率为

$$0.7+0.5=1.2 \text{ (万元/天)}$$

d. 同时压缩工作I和工作J，组合直接费费率为

$$0.5+0.2=0.7 \text{ (万元/天)}$$

在上述压缩方案中，由于工作E的直接费费率最小，故应选择工作E作为压缩对象。工作E的直接费费率0.2万元/天，小于间接费费率0.8万元/天，说明压缩工作E可使工程总费用降低。将工作E的持续时间压缩至最短持续时间3天，利用标号法重新确定计算工期和关键线路，如图3-49所示。此时，关键工作E被压缩成非关键工作，故将其持续时间延长为4天，使成为关键工作。第一次压缩后的网络计划如图3-50所示。图中箭线上方括号内数字为工作的直接费费率。

② 第二次压缩。从图3-50可知，该网络计划中有三条关键线路，即：①—③—④—⑥、①—③—④—⑤—⑥和①—③—⑤—⑥。为了同时缩短三条关键线路的总持续时间，有

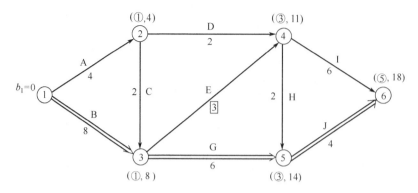

图 3-49 工作 E 压缩至最短的关键线路

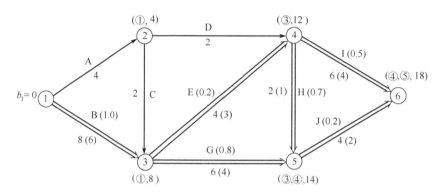

图 3-50 第一次压缩后的网络计划

以下 5 个压缩方案。

a. 压缩工作 B，直接费费率为 1.0 万元/天；

b. 同时压缩工作 E 和工作 G，组合直接费费率为

$$0.2+0.8=1.0（万元/天）$$

c. 同时压缩工作 E 和工作 J，组合直接费费率为

$$0.2+0.2=0.4（万元/天）$$

d. 同时压缩工作 G、工作 H 和工作 I，组合直接费费率为

$$0.8+0.7+0.5=2.0（万元/天）$$

e. 同时压缩工作 I 和工作 J，组合直接费费率为

$$0.5+0.2=0.7（万元/天）$$

在上述压缩方案中，由于工作 E 和工作 J 的组合直接费费率最小，故应选择工作 E 和工作 J 作为压缩对象；工作 E 和工作 J 的组合直接费费率 0.4 万元/天，小于间接费费率 0.8 万元/天，说明同时压缩工作 E 和工作 J 可使工程总费用降低。由于工作 E 的持续时间只能压缩 1 天，工作 J 的持续时间也只能随之压缩 1 天。工作 E 和工作 J 的持续时间同时压缩 1 天后，利用标号法重新确定计算工期和关键线路。此时，关键线路由压缩前的三条变为两条，即：①—③—④—⑥ 和 ①—③—⑤—⑥。原来的关键工作 H 未经压缩而被动地变成了非关键工作。第二次压缩后的网络计划如图 3-51 所示。此时，关键工作 E 的持续时间已达最短，不能再压缩，故其直接费费率变为无穷大。

③ 第三次压缩。从图 3-51 可知，由于工作 E 不能再压缩，而为了同时缩短两条关键线

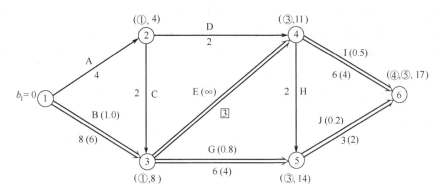

图 3-51 第二次压缩后的网络计划

路①—③—④—⑥和①—③—⑤—⑥的总持续时间，只有以下 3 个压缩方案。

a. 压缩工作 B，直接费费率为 1.0 万元/天；

b. 同时压缩工作 G 和工作 I，组合直接费费率为

$$0.8+0.5=1.3（万元/天）$$

c. 同时压缩工作 I 和工作 J，组合直接费费率为

$$0.5+0.2=0.7（万元/天）$$

在上述压缩方案中，由于工作 I 和工作 J 的组合直接费费率最小，故应选择工作 I 和工作 J 作为压缩对象。工作 I 和工作 J 的组合直接费费率 0.7 万元/天，小于间接费费率 0.8 万元/天，说明同时压缩工作 I 和工作 J 可使工程总费用降低。由于工作 J 的持续时间只能压缩 1 天，工作 I 的持续时间也只能随之压缩 1 天。工作 I 和工作 J 的持续时间同时压缩 1 天后，利用标号法重新确定计算工期和关键线路。此时，关键线路仍然为两条，即：①—③—④—⑥和①—③—⑤—⑥。第三次压缩后的网络计划如图 3-52 所示。此时，关键工作 J 持续时间也已达最短，不能再压缩，故其直接费费率变为无穷大。

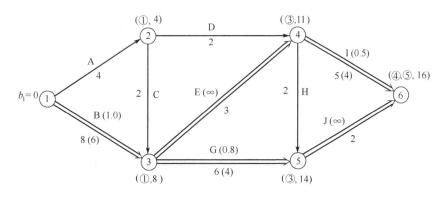

图 3-52 第三次压缩后的网络计划

④ 第四次压缩。从图 3-52 可知，由于工作 E 和工作 J 不能再压缩，而为了同时缩短两条关键线路①—③—④—⑥和①—③—⑤—⑥的总持续时间，只有以下两个压缩方案。

a. 压缩工作 B，直接费费率为 1.0 万元/天；

b. 同时压缩工作 G 和工作 I，组合直接费费率为

$$0.8+0.5=1.3（万元/天）$$

在上述压缩方案中，由于工作 B 的直接费费率最小，故应选择工作 B 作为压缩对象。但是，由于工作 B 的直接费费率 1.0 万元/天，大于间接费费率 0.8 万元/天，说明压缩工作 B 会使工程总费用增加。因此，不需要压缩工作 B，优化方案已得到。优化后的网络计划如图 3-53 所示。图中箭线上方括号内数字为工作的直接费。

（5）计算优化后的工程总费用

① 直接费总和

$$C_{d0}=7.0+9.0+5.7+5.5+8.4+8.0+5.0+8.0+6.9=63.5（万元）$$

② 间接费总和

$$C_{i0}=0.8\times16=12.8（万元）$$

③ 工程总费用

$$C_{t0}=C_{d0}+C_{i0}=62.5+12.8=76.3（万元）$$

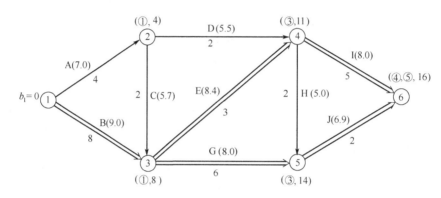

图 3-53　费用优化后的网络计划

（6）优化最后结果（见表 3-11）

表 3-11　优化最后结果

压缩次数	被压缩的工作代号	被压缩的工作名称	直接费费率或组合直接费费率/(万元/天)	费率差/(万元/天)	缩短时间	费用增加值/万元	总天数/天	总费用/万元
0	—	—	—	—	—	—	19	77.4
1	3—4	E	0.2	−0.6	1	−0.6	18	76.8
2	3—4 5—6	E,J	0.4	−0.4	1	−0.4	17	76.4
3	4—6 5—6	I,J	0.7	−0.1	1	−0.1	16	76.3
4	1—3	B	1.0	+0.2	—	—	—	—

注：费率差是指工作的直接费费率与工程间接费费率之差，它表示工期缩短单位时间时，工程总费用增加的数值。

三、资源优化

资源是指为完成一项计划任务所需投入的人力、材料、机械设备和资金等。完成一项工程任务所需要的资源量基本上是不变的。不可能通过资源优化将其减少，资源优化的目的是通过改变工作的开始时间和完成时间，使资源按照时间的分布符合优化目标。

在通常情况下，网络计划的资源优化分为两种，即"资源有限，工期最短"的优化和"工期固定，资源均衡"的优化。前者是通过调整计划安排，在满足资源限制条件下，使工期延长最少的过程；而后者是通过调整计划安排，在工期保持不变的条件下，使资源需用量尽可能均衡的过程。

这里所讲的资源优化,其前提条件如下。
① 在优化过程中,不改变网络计划中各项工作之间的逻辑关系;
② 在优化过程中,不改变网络计划中各项工作的持续时间;
③ 网络计划中各项工作的资源强度(单位时间所需资源数量)为常数,而且是合理的;
④ 除规定可中断的工作外,一般不允许中断工作,应保持其连续性。

为简化问题,这里假定网络计划中的所有工作需要同一种资源。

1. "资源有限,工期最短"的优化

"资源有限,工期最短"的优化一般可按以下步骤进行。

① 按照各项工作的最早开始时间安排进度计划,并计算网络计划每个时间单位的资源需用量。

② 从计划开始日期起,逐个检查每个时段(每个时间单位资源需用量相同的时间段)资源需用量是否超过所能供应的资源限量。如果在整个工期范围内每个时段的资源需用量均能满足资源限量的要求,则可认为优化方案就编制完成;否则,必须转入下一步进行计划调整。

③ 分析超过资源限量的时段。如果在该时段内有几项工作平行作业,则采取将一项工作安排在与之平行的另一项工作之后进行的方法,以降低该时段的资源需用量。

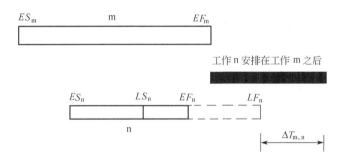

图 3-54 m、n 两项工作的排序

对于两项平行作业的工作 m 和工作 n 来说,为了降低相应时段的资源需用量,现将工作 n 安排在工作 m 之后进行,如图 3-54 所示。如果将工作 n 安排在工作 m 之后进行,网络计划的工期延长值为

$$
\begin{aligned}
T_{m,n} &= EF_m + T_n - LF_n \\
&= EF_m - (LF_n - T_n) \\
&= EF_m - LS_n
\end{aligned}
\tag{3-49}
$$

式中 $T_{m,n}$——将工作 n 安排在工作 m 之后进行时网络计划的工期延长值;
  EF_m——工作 m 的最早完成时间;
  T_n——工作 n 的持续时间;
  LF_n——工作 n 的最迟完成时间;
  LS_n——工作 n 的最迟开始时间。

这样,在有资源冲突的时段中,对平行作业的工作进行两两排序,即可得出若干个 $T_{m,n}$,选择其中最小的 $T_{m,n}$,将相应的工作 n 安排在工作 m 之后进行,既可降低该时段的资源需用量,又使网络计划的工期延长最短。

④ 对调整后的网络计划安排重新计算每个时间单位的资源需用量。

⑤ 重复上述②至④步骤，直至网络计划整个工期范围内每个时间单位的资源需用量均满足资源限量为止。

2. "工期固定，资源均衡"的优化

安排建设工程进度计划时，需要使资源需用量尽可能地均衡，使整个工程每单位时间的资源需用量不出现过多的高峰和低谷，这样不仅有利于工程建设的组织与管理，而且可以降低工程费用。

"工期固定，资源均衡"的优化方法有多种，如方差值最小法、极差值最小法、削高峰法等。本书不详细介绍。

复习思考题

1. 什么是网络图？什么是网络计划？什么是网络计划技术？
2. 工作和虚工作有什么不同？虚工作可起哪些作用？试举例加以说明。
3. 简述网络图的绘制原则。
4. 节点位置号怎样确定？用它来绘制网络图有哪些优点？时标网络计划可用它来绘制吗？
5. 什么叫总时差、自由时差、节点最早时间、节点最迟时间？
6. 什么叫资源优化？怎样计算"资源有限，工期最短"的优化中的工期增量？当工期增量为负值时，工期怎样确定？
7. 已知网络图的资料如下列各表所示，试确定出节点位置号，绘出有横向虚工作（允许有竖向虚工作）的双代号网络图，并绘出只有竖向虚工作（不允许有横向虚工作）的双代号网络图。

（1）

工作	A	B	C	D	E	G	H
紧前工作	D、C	E、H	—	—	—	H、D	—

（2）

工作	A	B	C	D	E	G
紧前工作	—	—	—	—	B、C、D	A、B、C

（3）

工作	A	B	C	D	E	H	G	I	J
紧前工作	E	H、A	J、G	H、I、A	—	—	H、A	—	E

8. 已知网络图的资料如7题所示。试确定出节点位置号，绘出单代号网络图。
9. 已知网络计划的资料如下表所示，试绘出双代号标时网络计划，用两时标注法（只标注出最早开始时间和最迟开始时间）将按工作计算法计算出的上述两个时间参数标注在网络计划上。在网络计划上用双线箭线绘出关键线路，并列式算出工作C的六个主要时间参数，用六时标注法单独标注出来。

工作	A	B	C	D	E	F	G	H	I	J	K
持续时间	22	10	13	8	15	17	15	6	11	12	20
紧前工作	—	—	B、E	A、C、H	—	B、E	E	F、G	F、G	A、C、I、H	F、G

10. 已知网络计划的资料如下表所示，试绘出双代号标时网络计划，在其上标示出节点最早时间和节点最迟时间，列式算出工作 C 的六个主要时间参数，用六时标注法单独标注出来。

工 作	A	B	C	D	E	G	H	I	J	K
持续时间	2	3	4	5	6	3	4	7	2	3
紧前工作	—	A	A	A	B	C、D	D	B	E、H、G	G

11. 已知网络计划的资料如下表所示，试绘出单代号网络计划，标注出六个时间参数，用双箭线标明关键线路，列式算出工作 B 的六个主要时间参数。

工 作	A	B	C	D	E	G
持续时间	12	10	5	7	6	4
紧前工作	—	—	—	B	B	C、D

12. 已知网络计划的资料如下表所示，试绘出双代号时标网络计划，确定出关键线路，用双箭线将其标示在网络计划上，并确定出及列式计算出工作 E 的六个主要时间参数。如开工日期为 4 月 24 日（星期二），每周休息两天，国家规定的节假日亦应休息，试列出该网络计划的有六个主要时间参数的日历形象进度表。

工 作	A	B	C	D	E	G	H	I	J	K
持续时间	2	3	5	2	3	3	2	3	6	2
紧前工作	—	A	A	B	B	D	G	E、G	C、E、G	H、I

13. 已知网络计划如图 3-55 所示，图中箭线上方括号外为正常持续时间直接费，括号内为最短持续时间直接费，箭线下方括号外为正常持续时间，括号内为最短持续时间，费用单位为千元，时间单位为天。若间接费率为 0.8 千元/天，试对其进行费用优化。

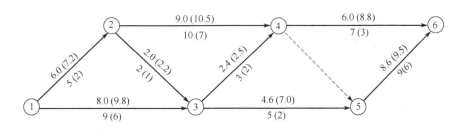

图 3-55 网络计划

第四章 施工准备工作

施工准备工作，是为保证工程顺利地施工而必须事先要做的工作。它不但存在于开工前，而且贯穿在整个施工过程中。它包括各参建单位的施工准备工作，本章主要叙述施工方开工前施工准备工作和部分有关方开工前准备工作的有关内容及要求。

第一节 施工准备工作的意义、内容与要求

一、施工准备工作的意义

现代的建筑施工是一项十分复杂的生产活动，它不但需要耗用大量材料、使用许多机具设备、组织安排各种工人劳动，而且还要处理各种复杂的技术问题、协调各种协作配合关系，可谓涉及面广、情况繁杂、千头万绪。如果事先缺乏统筹安排和准备，势必会形成某种混乱，使施工无法正常进行。而事先全面细致地做好施工准备工作，则对调动各方面的积极因素，合理组织人力、物力，加快施工进度，提高工程质量，节约资金和材料，提高经济效益，都会起着重要的作用。

大量实践经验证明，凡是重视和做好施工准备工作，能事先细致周到地为施工创造一切必要的条件，则该工程的施工任务就能顺利完成。反之，如果违背施工程序，忽视施工准备工作，工程仓促开工，又不及时做好施工中的各项准备，则虽有加快工程施工进度的主观愿望，也往往造成事与愿违的客观结果。因此，严格遵守施工程序，按照客观规律组织施工，做好各项施工准备工作，是施工顺利进行和工程圆满完成的重要保证。

二、施工准备工作的分类和内容

1. 施工准备工作的分类

(1) 按准备工作范围分

① 全场性施工准备 它是以一个建筑工地为对象而进行的各项施工准备，目的是为全场性施工服务，也兼顾单位工程施工条件的准备。

② 单位工程施工条件准备 它是以一个建筑物为对象而进行的施工准备，目的是为该单位工程施工服务，也兼顾分部分项工程施工作业条件的准备。

③ 分部分项工程作业条件准备 它是以一个分部分项工程或冬、雨期施工工程为对象而进行的作业条件准备。

(2) 按工程所处施工阶段分

① 开工前的施工准备 它是在拟建工程正式开工前所进行的一切施工准备，目的是为工程正式开工创造必要的施工条件。

② 开工后的施工准备 它是在拟建工程开工后各个施工阶段正式开始之前所进行的施工准备。

2. 施工准备工作的内容

施工准备工作内容一般可归纳为以下 5 个方面。

① 调查研究与收集资料；
② 技术资料的准备；
③ 施工现场的准备；
④ 物质及劳动力的准备；
⑤ 冬、雨期施工的准备。

三、施工准备工作的要求

1. 施工准备工作不仅施工单位要做好，其他有关单位也要做

建设单位在设计任务书及初步设计（或扩大初步设计）批准后，便可着手各种主要设备的订货（各种大型专用机械设备和特殊材料要早做订购安排），并着手建设征地，拆迁障碍物，申请建筑许可证，接通场外的道路、水源及电源等项准备工作。建设单位有些工作可委托监理单位完成。

设计单位在初步设计和总概算批准以后，应抓紧设计单项（单位）工程施工图及相应的设计概算等工作。

施工单位应着手研究分析整个建设项目的施工部署，做好调查研究、收集资料等工作。在此基础上，编制施工组织设计，按其要求做好施工准备工作。

2. 施工准备工作应分阶段、有组织、有计划、有步骤地进行

施工准备工作不仅要在开工前集中进行，而且要贯穿于整个施工过程中。随着工程施工的不断进展，在各分部分项工程施工开始之前，都要不断地做好准备工作，为各分部分项工程施工的顺利进行创造必要的条件。

为了保证施工准备工作的按时完成，应编制施工准备工作计划，明确其完成时间、内容要求及责任人员，并纳入施工单位的施工组织设计和年度、季度及月度施工计划中去，认真贯彻执行。

3. 施工准备工作应有严格的保证措施

为了确保施工准备工作的有效实施，应做到以下几点。

(1) 建立施工准备工作责任制

按施工准备工作计划将责任落实到有关部门和人，同时明确各级技术负责人在施工准备工作中应负的责任。

(2) 建立施工准备工作检查制度

施工准备工作不但要有计划、有分工，而且要有布置、有检查，以利于经常督促、发现薄弱环节，不断改进工作。

(3) 坚持按基本建设程序办事，严格执行开工报告制度

单位工程的开工，在做好各项施工准备工作后，应写出开工报告，经监理审查具备开工条件，签发开工令后，才能执行。单位工程应具备的开工条件如下。

① 施工许可证已获政府主管部门批准；
② 征地拆迁工作能满足工程进度的需要；
③ 施工组织设计已获总监理工程师批准；
④ 承包单位现场管理人员已到位，机具、施工人员已进场，主要工程材料已落实；
⑤ 进场道路及水、电、通信等已满足开工要求。

达到表 4-1、表 4-2 规定的条件后，总监理工程师签发工程开工令。

表 4-1 工程开工/复工报审表

工程名称： 　　　　　　　　　编号：

致： 　　　　　　　　　（监理单位）

我方承担的 _____ 工程,已完成了以下各项工作,具备了开工/复工条件,特此申请施工,请核查并签发开工/复工指令。

附:1. 开工报告
　　2.（证明文件）

承包单位（章）_____
项目经理_____
日　　期_____

审查意见：

项目监理机构_____
总监理工程师_____
日　　期_____

表 4-2 施工现场质量管理检查记录

开工日期：

工程名称		施工许可证	
建设单位		项目负责人	
设计单位		项目负责人	
监理单位		总监理工程师	
施工单位		项目经理	项目技术负责人

序 号	项　　目	内　容
1	现场质量管理制度	
2	质量责任制	
3	主要专业工种操作上岗证书	
4	分包方资质与对分包单位的管理制度	
5	施工图审查情况	
6	地质勘察资料	
7	施工组织设计、施工方案及审批	
8	施工技术标准	
9	搅拌站及计量设置	
10	现场材料、设备存放与管理	
11	工程质量检验制度	

检查结论：

总监理工程师
（建设单位项目负责人）　　　　　　　　　　　　　　　　年　月　日

4. 施工准备工作应做好几个结合

（1）施工与设计的结合

施工任务一旦确定后，施工单位应尽早与设计单位结合，着重在总体规划、平面布局、结构选型、构件选择、新材料与新技术的采用和出图顺序等方面与设计单位取得一致意见，以利于日后施工。

（2）施工与监理的结合

凡是建设单位委托监理单位监理的工程，施工单位应尽快与监理单位联系，熟悉有关人员及监理程序，并按相关要求报批相关文件，在取得开工报告后，按批准的方案组织施工，同时在施工中与监理单位做好协调工作。

（3）室内与室外准备工作的结合

室内准备工作主要是指各种技术经济资料的编制和汇集（如熟悉图纸、编制施工组织设计等）；室外准备工作主要是指施工的现场准备及物资准备。室内准备对室外准备起着指导作用，而室外准备则是室内准备的具体落实。

（4）土建工程与专业工程的结合

在拟定出施工准备工作的初步规划以后，应及时告知各协作的专业单位，使各单位都做好准备，土建工程与专业工程应相互配合。总包单位（一般为土建施工单位）应明确施工，能心中有数，各自及早做好必要的准备工作。

（5）前期准备与后期准备的结合

由于施工准备工作周期长，有一些是开工前做的，有一些是在开工后交叉进行的。因此，既要立足于前期的准备工作，又要着眼于后期的准备工作。要统筹安排好前、后期的准备工作，把握时机，及时做好近期的施工准备工作。

第二节　调查研究与收集资料

建筑工程施工涉及的单位多、内容广、情况多变、问题复杂。编制施工组织设计的人员对建设地区的技术经济条件、场址特征和社会情况等，往往不太熟悉。特别是，建筑工程的施工在很大程度上要受当地技术经济条件的影响和约束。因此，为了编制出一个符合实际情况、切实可行、质量较高的施工组织设计，就必须做好调查研究，了解实际情况，熟悉当地条件，收集原始资料和参考资料，掌握充分的信息，特别是定额信息及与建设单位、设计单位、施工单位有关的信息。

一、原始资料的调查

原始资料的调查工作应有计划、有目的地进行，事先要拟订明确详细的调查提纲。调查的范围、内容、要求等，应根据拟建工程的规模、性质、复杂程度、工期以及对当地熟悉了解程度而定。到新的不熟悉的地区去施工，调查了解、收集资料应全面、细致一些；反之，可以简略一些。

首先应向建设单位、勘察设计单位收集工程资料。例如，工程设计任务书、工程地质、水文勘察资料；地形测量图、初步设计或扩大初步设计以及工程规划资料；工程规模、性质、建筑面积、投资等资料。还要向当地气象台（站）调查有关气象资料；向当地有关部门、单位收集当地政府的有关规定及对建设工程的指示，以及有关协议书，了解社会劳动力、运输能力和地方建筑材料的生产能力。通过调查原始资料，做到心中有数，为编制施工组织设计提供充分的资料和依据。

原始资料的调查一般包括技术经济资料的调查、建设场址的勘察和社会资料的调查。

1. 技术经济资料调查

技术经济资料调查主要包括建设地区的能源、交通、材料、半成品及成品货源、价格等内容，可作为选择施工方法和确定费用的依据。

(1) 建设地区的能源调查

能源一般指水源、电源、气源等。能源资料可向当地城建、电力、电话（报）局及建设单位等进行调查，主要用作选择施工用临时供水、供电和供气的方式，提供经济分析比较的依据。水、电、蒸汽等条件调查，见表4-3。

表4-3 水、电、蒸汽等条件调查

序号	项目	调查内容	调查目的
1	供排水	(1) 工地用水与当地现有水源连接的可能性、可供水量、接管地点、管径、材料、埋深、水压、水质及水费；至工地距离，沿途地形、地物状况 (2) 自选临时江河水源的水质、水量、取水方式、至工地距离，沿途地形、地物状况，自选临时水井的位置、深度、管径、出水量的水质 (3) 利用永久性排水设施的可能性，施工排水的去向、距离和坡度，有无洪水影响，防洪设施状况	(1) 确定施工及生活供水方案 (2) 确定工地排水方案和防洪设施 (3) 拟定供排水设施的施工进度计划
2	供电与电信	(1) 当地电源位置，引入的可能性，可供电的容量、电源、导线截面和电费，引入方向，接线地点及其至工地距离，沿途地形、地物的状况 (2) 建设单位和施工单位自有的发电、变电设备的型号、台数和容量 (3) 利用邻近电信设备的可能性，电话、互联网、电信局等至工地的距离，可能增设电信设备、线路的情况	(1) 确定施工供电方案 (2) 确定施工通信方案 (3) 拟定供电、通信设施的施工进度计划
3	蒸汽等	(1) 蒸汽来源，可供蒸汽量，接管地点、埋深、至工地距离，沿途地形地物状况，蒸汽价格 (2) 建设、施工单位自有锅炉的型号、台数和能力，所需燃料和水质标准 (3) 当地或建设单位可能提供的压缩空气、氧气的能力，至工地距离	(1) 确定施工及生活用气的方案 (2) 确定压缩空气、氧气的供应计划

(2) 建设地区的交通调查

交通运输方式一般有铁路、公路、水路、航空等。交通资料可向当地铁路、交通运输和民航等管理局的业务部门进行调查。主要用作组织施工运输业务，选择运输方式，提供经济分析比较的依据。交通运输条件调查见表4-4。

表4-4 交通运输条件调查

序号	项目	调查内容	调查目的
1	铁路	(1) 邻近铁路专用线、车站到工地的距离及沿途运输条件 (2) 站场卸货线长度、起重能力和储存能力 (3) 装载单个货物的最大尺寸、重量的限制 (4) 运费、装卸费和装卸力量	
2	公路	(1) 主要材料产地至工地的公路等级、路面构造宽度及完好情况，允许最大载重量，途经桥涵等级，允许最大载重量 (2) 当地专业运输机构及附近村镇能提供的装卸、运输能力，汽车、畜力、人力车的数量及运输效率、运费、装卸费 (3) 当地有无汽车修配厂，修配能力和至工地距离	(1) 选择施工运输方式 (2) 拟订施工运输计划

续表

序号	项 目	调 查 内 容	调 查 目 的
3	航运	(1)货源、工地至邻近河流、码头渡口的距离,道路情况 (2)洪水、平水、枯水期时,通航的最大船只及吨位,取得船只的可能性 (3)码头装卸能力,最大起重量,增设码头的可能性 (4)渡口的渡船能力,同时可载汽车、马车数,每日次数,能为施工提供的能力 (5)运输、渡口费、装修费	(1)选择施工运输方式 (2)拟订施工运输计划
4	航空	(1)邻近机场至工地的距离及运输能力 (2)装卸单个货物的最大尺寸、重量的限制 (3)空运的各种费用	

(3) 主要材料、主要材料和主要设备的调查

这项调查的内容包括主要材料(即钢材、木材和水泥三大材料)、特殊材料和主要设备。这些资料可用做确定材料采购、储存和设备订货、租赁的依据。主要材料、特殊材料和主要设备调查见表4-5。

表4-5 主要材料、特殊材料和主要设备调查

序号	项 目	调 查 内 容	调 查 目 的
1	主要材料	(1)钢材订货的规格、钢号、数量和到货时间 (2)木材订货的规格、等级、数量和到货时间 (3)水泥订货的品种、标号、数量和到货时间	(1)确定临时设施和堆放场地 (2)确定木材加工计划 (3)确定水泥储存方式
2	特殊材料	(1)需要的品种、规格、数量 (2)试制、加工的供应情况	(1)制定采购计划 (2)确定储存方式
3	主要设备	(1)主要工艺设备名称、规格、数量和供货单位 (2)分批和全部到货时间	(1)确定临时设施和堆放场地 (2)拟定防雨措施

(4) 半成品及成品的调查

这项调查的内容包括地方资源和建筑企业的情况。这些资料可用做确定材料、构配件、制品等货源的加工供应方式、运输计划和规划临时设施。地方资源条件调查见表4-6。表中材料名称栏可按块石、碎石、砾石、砂、工业废料(包括矿渣、炉渣、粉煤灰)等填列。

表4-6 地方资源条件调查

序号	材料名称	产地	储藏量	质量	开采量	出厂价	开发费	运距	单位运价
1									
2									
3									

地方建筑材料及构件生产企业调查见表4-7。表中企业及产品名称栏可按构件厂、木材厂、金属结构厂、砂石厂、建筑设备厂、砖瓦厂、石灰厂等填列。

表4-7 地方建筑材料及构件生产企业调查

序号	企业名称	产品名称	单位	规格	质量	生产能力	生产方式	出厂价格	运距	运输方式	单位运价	备注
1												
2												
3												

(5) 材料、成品、半成品价格调查

根据我国建筑市场的情况，建筑材料、成品及半成品的价格是多样的。再加上各地不同的供销部门手续费率、包装费率、运输费率及采购保管费率。在此情况下，要始终注意市场价格信息，及时掌握各种材料的价格变化。材料、成品、半成品价格调查见表4-8。

表 4-8　材料、成品、半成品价格调查

材料、成品、半成品名称及规格	单位	原价依据	原价	供销部门手续费	运输费	包装费	采购保管费	价格

2. 建设场址勘察

建设场址勘察主要是为了解建设地点的地形、地貌、地质、水文、气象以及场址周围环境和障碍物情况等。一般可作为确定施工方法和技术措施的依据。建设场址勘察见表4-9。

表 4-9　建设场址勘察

项目	调查内容	调查目的
气温	(1)年平均、最高、最低温度、最冷、最热月份的逐日平均温度 (2)冬、夏季室外计算温度 (3)≤-30℃、0℃、5℃天数、起止时间	(1)确定防暑降温的措施 (2)确定冬期施工措施 (3)估计混凝土、砂浆强度
雨(雪)	(1)雨季起止时间 (2)月平均降雨(雪)量，最大降雨(雪)量，一昼夜最大降雨(雪)量 (3)全年雷暴天数	(1)定雨期施工措施 (2)定工地排水、预洪方案 (3)确定工地防雷设施
风	(1)主导风向及频率(风玫瑰图) (2)≥8级风的全年天数、时间	(1)确定临时设施的布置方案 (2)确定高空作业及吊装的技术安全措施
地形	(1)区域地形图:1/10000~1/25000 (2)工程位置地形图:1/1000~1/2000 (3)地区城市规划图 (4)经纬坐标桩、水准基桩位置	(1)选择施工用地 (2)布置施工总平面图 (3)土方量计算 (4)了解障碍物及其数量
地质	(1)钻孔布置图 (2)地质剖面图;土层类别、厚度 (3)物理力学指标:天然含水量、孔隙比、塑性指数、渗透系数、压缩试验及地基上强度 (4)地层的稳定性;断层滑块、流沙 (5)最大冻结深度 (6)地基土破坏情况,钻井、防空洞及地下构筑物	(1)土方施工方法的选择 (2)地基土的处理方法 (3)基础施工方法 (4)复核地基基础设计 (5)拟定障碍物拆除方案
地震	地震等级	确定对基础影响、注意事项
地下水	(1)最高、最低水位及时间 (2)水的流速、流向、流量 (3)水质分析,水的化学成分 (4)抽水试验	(1)基础施工方案选择 (2)降低地下水的方法 (3)拟定防止侵蚀性介质的措施
地面水	(1)临近江河湖泊距工地的距离 (2)洪水、平水、枯水期的水位、流量及航道深度 (3)水质分析 (4)最大最小冻结深度及结冻时间	(1)确定临时给水方案 (2)确定施工运输方式 (3)确定工程施工方案 (4)确定工地防洪方案

(1) 地形、地貌的调查

这项调查包括工程的建设规划图，区域地形图，工程位置地形图，水准点、控制桩的位置，现场地形、地貌特征，勘察高程及高差等。对地形简单的施工现场，一般采用目测和步测；对场地地形复杂的，可用测量仪器进行观测，也可向规划部门、建设单位、勘察单位等进行调查。这些资料可作为设计施工平面图的依据。

(2) 工程地质及水文地质的调查

工程地质包括地层构造、土层的类别及厚度、土的性质、承载力及地震级别等。水文地质包括地下水的质量、含水层的厚度、地下水的流向、流量、流速、最高和最低水位等。这些内容的调查，主要是采取观察的方法，如直接观察附近的土坑、沟道的断层，附近建筑物的地基情况，地面排水方向和地下水的汇集情况；钻孔观察地层构造、土的性质及类别、地下水的最高和最低水位。另外，还可向建设单位、设计单位、勘察单位等进行调查，作为选择基础施工方法的依据。

(3) 气象资料的调查

气象资料主要指气温（包括全年、各月平均温度，最高与最低温度，5℃及0℃以下天数、日期）、雨情（包括雨期起止时间，年、月降水量，日最大降水量等）和风情（包括全年主导风向频率、大于八级风的天数及日期）等资料。一般向当地气象部门进行调查，可作为确定冬、雨期施工的依据。

(4) 周围环境及障碍物的调查

这项调查包括施工区域现有建筑物、构筑物、沟渠、水井、树木、土堆、电力架空线路、地下沟道、人防工程、上水和下水管道、埋地电缆、煤气及天然气管道、枯井等。这些资料要通过实地踏勘，并向建设单位、设计单位等调查取得，可作为布置现场施工平面的依据。

3. 社会资料调查

社会资料调查主要包括建设地区的政治、经济、文化、科技、风土、民俗等内容。其中社会劳动力和生活设施、参加施工各单位情况的调查资料，可作为安排劳动力、布置临时设施和确定施工力量的依据。

(1) 社会劳动力和生活设施的调查

社会劳动力和生活设施调查见表4-10。

表 4-10　社会劳动力和生活设施调查

序号	项　目	调　查　内　容	调查目的
1	社会劳动力	(1) 少数民族地区的风俗习惯 (2) 当地能提供的劳动力人数,技术水平和来源 (3) 上述人员的生活安排	(1) 拟定动力计划 (2) 安排临时设施
2	房屋设施	(1) 必须在工地居住的单身人数和户数 (2) 能作为施工的现有的房屋栋数,每栋面积,结构特征,总面积、位置,水、暖、电、卫生设备状况 (3) 上述建筑物的适宜用途,用作宿舍、食堂、办公室的可能性	(1) 确定现有房屋为施工服务的可能性 (2) 安排临时设施
3	周围环境	(1) 日用品供应,文化教育,消防治安等机构能为施工提供的支援能力 (2) 邻近医疗单位至工地的距离,可能就医情况 (3) 当地公共汽车、电信、邮电服务情况 (4) 周围是否存在有害气体、污染情况,有无地方病	安排职工生活基地,解除后顾之忧

(2) 施工单位情况的调查

施工单位情况调查见表 4-11。这部分资料可向建筑施工企业及主管部门调查。

表 4-11 施工单位情况调查

序号	项目	调查内容	调查目的
1	工人	(1)工人的总数、各专业工种的人数,能投入本工程的人数 (2)专业分工及一专多能情况 (3)定额完成情况	(1)了解总、分包单位的技术、管理水平 (2)选择分包单位 (3)为编制施工组织设计提供依据
2	管理人员	(1)管理人员总数,各种人员比例及其人数 (2)工程技术人员的人数,专业构成情况	
3	施工机械	(1)名称、型号、规格、台数及新旧程度(列表) (2)总装配程度,技术装备率和动力装备率 (3)拟增购的施工机械明细表	
4	施工经验	(1)历史上曾经施工过程的主要工程项目 (2)习惯采用的施工方法,曾采用过的先进施工方法 (3)科研成果和技术更新情况	
5	主要指标	(1)劳动生产率指标:产值,产量,全员,建安劳动生产率 (2)质量指标:产品优良率及合格率 (3)安全指标:安全事故频率 (4)利润成本指标:产值,资金利润率,成本计划实际降低率 (5)机械化,工厂化施工程度 (6)机械设备完好率、利用率和效率	

二、参考资料的收集

在编制施工组织设计时,为弥补原始资料的不足,有时还可借助一些相关的参考资料来作为编制依据。这些参考资料可利用现有的施工定额、施工手册、施工组织设计实例或通过平时施工实践活动来获得。

以下的气象、雨期、冬期、机械台班产量、施工工期等资料仅供参考。

1. 气象、雨期及冬期参考资料

这些资料一般向气象部门调查,可作为确定冬期及雨期施工的依据。全国部分地区气象、雨期及冬期的参考资料见表 4-12～表 4-14。

表 4-12 全国部分地区气象参考资料

城市名称	温度/℃				最大风速/(m/s)	日最大降雨量/mm	最大冻土深度/cm	最大积雪深度/cm
	月平均		极端					
	最冷	最热	最高	最低				
北京	−3.4	25.1	40.6	−27.4	21.5	212.2	69	18
上海	4.4	26.3	38.2	−9.1	20.0	204.4	8	14
哈尔滨	−17.2	21.2	35.4	−38.1	20.0	94.8	194	13
长春	−14.4	21.5	36.4	−36.5	34.2	126.8	169	40
沈阳	−10.03	23.3	35.7	−30.5	25.2	118.9	139	20
大连	−3.5	22.1	34.4	−21.1	34.0	149.4	93	37
石家庄	−1.4	25.9	42.7	−19.8	20.0	200.3	52	15
太原	−4.9	22.3	38.4	−24.6	25.0	183.5	74	13
郑州	1.1	26.8	43.0	−15.8	—	112.8	18	—
汉口	4.3	27.6	38.7	−17.3	20.0	261.7	—	12
青岛	−1.03	23.7	36.9	−17.2	18.0	234.1	42	13
徐州	1.1	26.8	39.5	−22.6	16.0	127.9	24	25
南京	3.3	26.9	40.5	−13.0	19.8	160.6	—	14
广州	14.03	27.09	37.6	0.1	22.0	253.6	—	—

续表

城市名称	温度/℃ 月平均 最冷	温度/℃ 月平均 最热	温度/℃ 极端 最高	温度/℃ 极端 最低	最大风速 /(m/s)	日最大降雨量 /mm	最大冻土深度/cm	最大积雪深度/cm
南昌	6.2	28.2	40.6	−7.6	19.0	188.1	—	16
南宁	13.7	27.9	39.0	−1.0	16.0	127.5	—	—
长沙	6.2	28.0	39.8	−9.5	20.0	192.6	4	10
重庆	8.7	27.4	40.4	−0.9	22.9	109.3	—	—
贵阳	6.03	22.9	35.4	−7.8	16.0	113.5	—	8
昆明	8.3	19.4	31.2	−5.1	18.0	87.8	—	6
西安	0.5	25.9	41.7	−18.7	19.1	69.8	24	12
兰州	−5.2	21.03	36.7	−21.7	10.0	50.0	103	10

表 4-13　全国部分地区全年雨期参考资料

地 区	雨期起止日期	月数	地 区	雨期起止日期	月数
长沙、株洲、湘潭	2月1日～8月31日	7	大同、侯马	7月1日～7月31日	1
南昌	2月1日～7月31日	6	包头、新乡	8月1日～8月31日	1
汉口	4月1日～8月15日	4.5	沈阳、葫芦岛、北京、天津、大连、长治	7月1日～8月31日	2
上海、成都、昆明	5月1日～9月30日	5			
重庆、宜宾	5月1日～10月31日	6	齐齐哈尔、富拉尔基、宝鸡、绵阳、德阳、太原、西安、洛阳、郑州	7月1日～9月15日	2.5
长春、哈尔滨、佳木斯、牡丹江、开远	6月1日～8月31日	3			

表 4-14　全年冬期天数参考资料

分 区	平均温度	冬期起止日期	天 数
第一区	−1℃以内	12月1日～2月16日 12月28日～3月1日	74～80
第二区	−4℃以内	11月10日～2月28日 11月25日～3月21日	96～127
第三区	−7℃以内	11月1日～3月20日 11月10日～2月21日	131～151
第四区	−10℃以内	10月20日～3月25日 11月1日～4月5日	141～168
第五区	−14℃以内	10月15日～4月5日 10月15日～4月15日	173～183

2. 机械台班产量参考指标

土方机械、钢筋混凝土机械、起重机械及装修机械台班产量指标，见表4-15～表4-18。

表 4-15　土方机械台班产量参考指标

序号	机械名称	型号	主要性能 斗容量/m³	主要性能 反铲时最大挖深/m	理论生产率 单位	理论生产率 数量	常用台班产量 单位	常用台班产量 数量
1	单斗挖土机							
	蟹斗式		0.2				m³	80～12
	履带式	W_1-30	0.3	2.6(基坑)4(沟)	m³/h	72	m³	150～250
	轮胎式	W_3-30	0.3	4	m³/h	63	m³	200～300
	履带式	W_1-50	0.5	5.56	m³/h	120	m³	250～350
	履带式	W_1-60	0.6	5.2	m³/h	120	m³	300～400
	履带式	W_2-100	1	5.0	m³/h	240	m³	400～600
	履带式	W_1-100	1	6.5	m³/h	180	m³	350～550

续表

序号	机械名称	型号	主要性能				理论生产率		常用台班产量	
							单位	数量	单位	数量
2	拖式铲运机		斗容量 /m^3	铲土 宽/m	铲土 深/cm	铺土 厚/cm		(运距100m)		(运距200～300m)
		2.25	2.25	1.86	15	20			m^3	80～120
		C_6-2.5	2.5	1.9	15	30	m^3/h	22～28	m^3	100～150
		C_5-6	6	2.6	15	38	m^3/h		m^3	250～350
		6-8	6	2.6	30	38	m^3/h		m^3	300～400
		C_4-7	7	2.7	30	40	m^3/h		m^3	250～350
3	推土机		功率 /马力	铲刀 宽/m	铲刀 深/cm	切土 深/cm		(运距50m)		(运距15～25m)
		T_1-54	54	2.28	78	15	m^3/h	28	m^3	150～200
		T_2-60	75	2.28	78	29	m^3/h		m^3	200～300
		东方红-75	75	2.28	78	26.8	m^3/h	60～65	m^3	250～400
		T_1-100	90	3.03	110	18	m^3/h	45	m^3	300～500
		移山80	90	3.10	110	18	m^3/h	40～80	m^3	300～500
		移山80 湿地	90	3.69	96		可在水深40～80cm处堆土			
		T_2-100	90	3.80	86	65	m^3/h	75～80	m^3	300～500
		T_2-120	120	3.76	100	30	m^3/h	80	m^3	400～600

注：1马力＝735.499W。

表 4-16 钢筋混凝土机械台班产量参考指标

序号	机械名称	型号	主要性能			理论生产率		常用台班产量	
						单位	数量	单位	数量
1	混凝土搅拌机	J_1-250	装料容量0.25m^3			m^3/h	3～5	m^3	15～25
		J_1-400	装料容量0.4m^3			m^3/h	6～12		25～50
		J_4-375	装料容量0.375m^3			m^3/h	12.5		
		J_4-1500	装料容量1.5m^3			m^3/h	30		
2	混凝土搅拌机组	HL_1-20	0.75m^3双锥式搅拌机组			m^3/h	20		
		HL_1-90	1.6m^3双锥式搅拌机组3台			m^3/h	72～90		
3	混凝土运输泵		最大骨料/mm	最大水平/m	最大垂直/m				
		HP_1-4	25	200	40	m^3/h			4
		HP_1-5	25	240		m^3/h			4～5
		ZH05	50	250	40	m^3/h			6～8
		HB8型	40	200	30	m^3/h			8

表 4-17 起重机械台班产量参考指标

序号	机械名称	工作内容	常用台班产量	
			单位	数量
1	履带式起重机	构件综合吊装，按每吨起重能力计	t	5～10
2	轮胎式起重机	构件综合吊装，按每吨起重能力计	t	7～14
3	汽车式起重机	构件综合吊装，按每吨起重能力计	t	8～18
4	塔式起重机	构件综合吊装	吊次	80～120
5	少先式起重机	构件吊装	t	15～20
6	平台式起重机	构件提升	t	15～20
7	卷扬机	构件提升，按每吨牵引力计	t	30～50
		构件提升，按提升次数计（四层、五层楼）	次	60～100

表 4-18 装修机械产量参考指标

序号	机械名称	型号	主要性能	理论生产率		常用台班产量	
				单位	数量	单位	数量
1	喷灰机		墙顶棚喷涂灰浆				
2	混凝土抹光机 混凝土抹光机	HM-64 69-1	大面积混凝土表面抹光 大面积混凝土表面抹光	m²/班 m²/班	320~450 100~300	m²	400~600
3	水磨石机	MS-1	磨盘直径29cm	m²/h	3.5~4.5		
4	灰浆泵 直接作用式 直接作用式 隔膜式 灰气联合工	 HB$_6$-3 HP-013 HB$_6$-3 HK-3.5-74	垂直距离/m 水平运距/m 40 150 40 150 40 100 25 150	 m³/h m³/h m³/h m³/h	 3 3 3 3.5		
5	木地板刨光机	天津	电动机功率1.4kW	m²/h	17~20		
6	木地板磨光机	北京	电动机功率2.2kW 电动机功率1.5kW	m²/h m²/h	12~15 20~30		

3. 施工工期参考指标

施工工期是指建筑物（或构筑物）开工到竣工的全部施工天数。施工工期指标一般用来作为确定工期、编制计划的依据。这里主要介绍单位工程施工工期的参考指标。

1985年国家城乡建设环境保护部颁发的《建筑安装工程工期定额》，是用以控制建筑工程工期的定额。该定额可供施工单位编制施工组织设计和投标标书、考核施工工期时使用，也可用于编制招标标底和签订建筑工程承包合同。在此基础上，2000年修编而成了《全国统一建筑安装工程工期定额》。表4-19列出其中部分住宅工程的工期定额。

表 4-19 住宅工程工期　　　　　　　单位：天

序号	结构	层数	建筑面积/m²	地区分类			备注
				Ⅰ	Ⅱ	Ⅲ	
1	混合	5	2000以内	185	195	225	
			3000以内	205	215	245	
			5000以内	225	235	265	
			7000以内	245	255	290	
		6	2000以内	205	215	250	
			3000以内	225	235	270	
			5000以内	245	255	295	
			7000以内	265	275	320	
2	砌块	5	2000以内	180	190	215	
			3000以内	200	210	235	
			5000以内	220	230	255	
			7000以内	240	250	280	
		6	2000以内	200	210	240	
			3000以内	220	230	260	
			5000以内	240	250	280	
			7000以内	260	270	305	
3	现浇框架	8层以下	5000以内	355	370	415	包括电梯
			7000以内	380	395	445	
			10000以内	405	420	475	
			15000以内	430	450	505	
		10层以下	7000以内	405	425	480	
			10000以内	430	450	510	
			15000以内	455	480	540	
			20000以内	485	510	570	

续表

序号	结构	层数	建筑面积/m²	地区分类			备注
				Ⅰ	Ⅱ	Ⅲ	
3	现浇框架	12层以下	10000以内	460	485	545	包括电梯
			15000以内	485	515	575	
			20000以内	515	545	605	

注：Ⅰ类地区：上海、江苏、浙江、安徽、福建、江西、湖北、湖南、广东、广西、四川、贵州、云南、重庆、海南。

Ⅱ类地区：北京、天津、河北、山西、山东、河南、陕西、甘肃、宁夏。

Ⅲ类地区：内蒙古、辽宁、吉林、黑龙江、西藏、青海、新疆。

套用指标时应注意如下几点。

① 单项（位）工程中层高在2.2m以内的技术层不计算建筑面积，但计算层数。

② 出屋面的楼（电）梯间、水箱间不计算层数。

③ 单项（位）工程层数超出本定额时，工期可按定额中最高相邻层数的工期差值增加。

④ 一个承包方同时承包2个以上（含2个）单项（位）工程时，工期的计算：以一个单项（位）工程的最大工期为基数，另加其他单项（位）工程工期总和乘相应系数计算：加一个乘0.35系数；加2个乘0.2系数；加3个乘0.15系数；4个以上的单项（位）工程不另增加工期。

⑤ 坑底打基础桩，另增加工期。

⑥ 开挖一层立方后，再打护坡桩的工程，护坡桩施工的工期承发包双方可按施工方案确定增加无数，但最多不超过50天。

⑦ 基础施工遇到障碍物或古墓、文物、流沙、溶洞、暗滨、淤泥、石方、地下水等需要进行基础处理时，由承发包双方确定增加工期。

⑧ 单项工程的室外管线（不包括直埋管道）累计长度在100m以上，增加工期10天；道路及停车场的面积在500m²以上，在1000m²以下者增加工期10天；在5000m²以内者增加工期20天；围墙工程不另增加工期。

第三节　技术资料的准备

技术资料的准备即通常所说的室内准备（业内准备），其内容一般包括：熟悉与会审图纸，签订施工合同，编制施工组织设计。

一、熟悉与会审图纸

1. 熟悉图纸的关键

施工技术人员阅读图纸时，应重点熟悉掌握以下内容。

（1）基础部分

核对建筑、结构、设备施工图中关于基础留洞的位置及标高，地下室排水方向，变形缝及人防出口做法，防水体系的包圈及收头要求等。

（2）主体结构部分

各层所用的砂浆、混凝土强度等级，墙、柱与轴线的关系，梁、柱的配筋及节点做法，悬挑结构的锚固要求，楼梯间的构造，设备图和土建图上洞口尺寸及位置的关系。

（3）屋面及装修部分

屋面防水节点做法，结构施工时应为装修施工提供的预埋件和预留洞，内、外墙和地面等材料及做法。

在熟悉图纸的过程中，对发现的问题应做出标记、做好记录，以便在图纸会审时提出。

2. 图纸会审的重点

图纸会审一般由建设单位组织，设计、施工单位参加。会审时，先由设计单位进行图纸交底，然后各方提出问题。经过充分协商，将统一意见形成图纸会审纪要，由建设单位正式行文，参加会议的各单位盖章，可作为与设计图纸同时使用的技术文件。图纸会审的主要内容如下。

① 图纸设计是否符合国家有关技术规范，是否符合经济合理、美观适用的原则；

② 图纸及说明是否完整、齐全、清楚，图中的尺寸、标高是否准确，图纸之间是否有矛盾；

③ 施工单位在技术上有无困难，能否确保施工质量和安全，装备条件是否能满足；

④ 地下与地上、土建与安装、结构与装修施工之间是否有矛盾，各种设备管道的布置对土建施工是否有影响；

⑤ 各种材料、配件、构件等采购供应是否有问题，规格、性能质量等能否满足设计要求；

⑥ 图纸中不明确或有疑问处，设计单位是否解释清楚；

⑦ 设计、施工中的合理化建议能否采纳。

二、编制施工组织设计

施工组织设计是规划和指导施工全过程的一个综合性的技术经济文件，编制施工组织设计本身就是一项重要的施工准备工作。

三、编制施工图预算和施工预算

在设计交底和图纸会审的基础上，施工组织设计已被批准，预算部门即可着手编制单位工程施工图预算和施工预算，以确定人工、材料和机械费用的支出，并确定人工数量、材料消耗数量及机械台班使用量。

第四节　施工现场的准备

施工现场的准备即通常所说的室外准备（外业准备），它一般包括拆除障碍物、"三通一平"、测量放线、搭设临时设施等内容。

一、拆除障碍物

这一工作通常由建设单位完成，但有时也委托施工单位完成。拆除时，一定要摸清情况，尤其是原有障碍物复杂、资料不全时，应采取相应的措施，防止发生事故。

架空电线、埋地电缆、自来水管、污水管、煤气管道等的拆除，都应与有关部门取得联系并办好手续后，才可进行，一般最好由专业公司、单位来拆除。场内的树木，需报请园林部门批准后方可砍伐。房屋只要在水源、电源、气源等截断后即可进行拆除。坚实、牢固的房屋等，可采用定向爆破方法拆除，一般应经主管部门批准，由专业施工队进行。

二、"三通一平"工作

在工程施工范围内，平整场地和接通施工用水、用电管线及道路的工作，称为"三通一平"。这项工作，应根据施工组织总设计中的"三通一平"规划来进行。

三、测量放线

这一工作是确定拟建工程平面位置的关键环节,施测中必须保证精度、杜绝错误,否则后果不堪设想。

在测量放线前,应做好检验校正仪器、校核红线桩(规划部门给定的红线,在法律上起着控制建筑用地的作用)与水准点,制定测量放线方案(如平面控制、标高控制、沉降观测和竣工测量等)等工作。如发现红线桩和水准点有问题时,应提请建设单位处理。建筑物应通过设计图中的平面控制轴线来确定其轮廓位置,测定后提交有关部门和建设(或监理)单位验线,以保证定位的准确性。沿红线的建筑物,还在由规划部门验线,以防止建筑物压红线或超红线。

四、临时设施的搭设

现场所需临时设施,应报请规划、市政、消防、交通、环保等有关部门审查批准。为了施工方便和行人的安全,应用围墙将施工用地围护起来。围墙的形式和材料应符合市容管理的有关规定和要求,并在主要出入口设置标牌,标明工地名称、施工单位、工地负责人等。

所有宿舍、办公用房、仓库、作业棚等,均应按批准的图纸搭建,不得乱搭乱建,并尽可能利用永久性工程。

第五节 劳动力及物资的准备

劳动力及物资应根据施工进度计划要求,陆续进入现场。

一、施工队伍的准备

施工队伍的准备包括建立项目管理机构和专业或混合施工队,组织劳动力进场,进行计划和任务交底等。

1. 项目管理人员配备

项目管理人员是工程施工的直接组织和指挥者,人员配备应视工程规模和难易程度而定。对一般单位工程,可设一名项目经理,再配施工员(工长)及材料员等人员即可。对大型的单位工程或建筑群,则需配备一套项目管理班子,包括施工、技术、材料、计划等管理人员。

2. 基本施工队伍的确定

应根据工程特点,选择恰当的劳动组织形式。土建施工一般以混合施工队形式较好,其特点是:人员配备少,工人以本工种为主兼做其他工作,工序之间搭接比较紧凑,劳动效率比较高。如砖混结构的主体阶段主要以瓦工为主,配备适量的架子工、木工、钢筋工、混凝土及机械工;装修阶段则以抹灰工为主,配备适当的木工、电工等。对装配式结构,则以结构吊装工为主,配备适当的电焊工、木工、钢筋工、混凝土工、瓦工等。当装修标准高且工程量大时,以组织专业施工队为好。对全现浇结构,混凝土工是主要工种;由于采用工具式模板,操作简便,所以不一定配备木工,只要一些熟练的操作工即可。滑模施工要求组织严密,工种齐全,分工明确,这种工艺必须组织综合施工队。

3. 专业施工队伍的组织

大型单位工程的内部机电安装及消防、空调、通信系统等设备,往往由生产厂家进行安装和调试,有的施工项目需要机械化施工公司来承担,如土石方、吊装工程等。这些都应在施工准备中以签订承包合同的形式予以明确,以便组织施工队伍。

4. 分包施工队伍的组织

由于建筑市场的开放和用工制度的改变，施工单位仅靠本身来完成施工任务已不能满足需要，因而往往要分包施工队伍来共同承担施工任务。用外包施工队伍大致有三种形式：独立承担单位工程的施工，承担分部分项工程的施工，参与施工单位的班组施工。

综上所述，在组织施工队伍时，一定要遵循劳动力相对稳定的原则，以保证工程质量和劳动效率的提高，同时应报建设单位或监理单位审批。

二、施工物资的准备

材料、构件、机具等物资是保证施工任务完成的物质基础。应根据工程需要，确定需用量计划，取得批准后办理订购手续，安排运输和储备，使其满足连续施工的需要。对特殊的材料、构件、机具，更应提早准备。

材料和构件除了按需用量计划分期分批组织进场外，还要根据施工平面图规定的位置堆放。要按计划组织施工机具进场，做好井架搭设、塔吊布置及各种机具的位置安排，并根据需要搭设操作棚，接通动力和照明线路，做好机械的试运转工作。

第六节 冬期和雨期施工准备

一、冬期施工的准备工作

1. 合理安排冬期施工项目

冬期施工条件差、技术要求高，还要增加施工费用。因此，应尽量安排费用增加不多的项目在冬期施工，如吊装、打桩、室内装修等；尽量不安排费用增加较多又不易保证施工质量的项目在冬期施工，如土方、基础、外装修、屋面防水等。

2. 落实各种热源的供应工作

如热源设备和保温材料的储存和供应、司炉培训工作等，以保证施工顺利进行。

3. 做好测温工作

冬期施工昼夜温差较大，为保证施工质量，应做好测温工作，防止砂浆、混凝土在达到临界强度以前遭受冻结而破坏。

4. 做好室内施工项目的保温

如先完成供热系统、安装好门窗玻璃等，以保证室内其他项目能顺利施工。

5. 做好临时设施的保温防冻工作

应做好给排水管道的保温，防止管子冻裂；应防止道路积水成冰，及时清除积雪，以保证运输顺利。

6. 尽量节约冬期施工运输费用

如在冬期到来之前，储存足够的材料、构件等物资。

7. 做好完工部位的保护

如基础完成后应及时回填土至基础顶面同一高度，砌完一层墙后及时将楼板安装完毕，室内装修应一层一室一次完成，室外装修则力求一次完成。

8. 加强安全教育

要有冬期施工的防火、安全措施，严防火灾发生，避免安全事故。

二、雨期施工的准备工作

1. 做好现场排水工作

应针对现场具体情况，做好排水沟渠的开挖，准备好抽水设备，防止现场积水。

2. 做好雨期施工的合理安排

为了避免雨期窝工，一般在雨期到来之前，应多安排土方、基础、室外及屋面等不宜在雨期施工的项目，多留一些室内工作在雨期进行。

3. 做好运输道路的维护

雨期前检查道路边坡排水，适当提高路面高度，防止路面凹陷，保证运输道路的畅通。

4. 做好物资的储存

在雨期前，应多储存一些物资，减少雨天的运输量，节约施工费用。

5. 做好机具设备等的保护

对现场各种机具、电器、工棚都应加强检查，尤其是脚手架、塔吊、井架等，要采取防倒塌、防雷击、防漏电等一系列技术措施。

6. 加强施工管理

要认真编制雨期施工的安全措施，加强对职工的教育，防止各种事故的发生。

复习思考题

1. 试述施工准备工作的意义。
2. 简述施工准备工作的主要内容。
3. 施工准备工作的要求有哪些？
4. 为什么要做好原始资料的调查工作和收集必要的参考资料？
5. 原始资料的调查包括哪些方面？各方面的主要内容是什么？
6. 原始资料的调查应如何进行？
7. 在编制施工组织设计前主要收集哪些参考资料？
8. 技术资料准备工作包括哪些内容？
9. 会审施工图纸包括哪些内容？
10. 施工现场的准备工作包括哪些内容？
11. 什么叫"三通一平"？应怎样做好"三通一平"？
12. 物资准备工作应如何进行？
13. 冬期施工准备工作应如何进行？
14. 雨期施工准备工作应如何进行？

第五章 单位工程施工组织设计

第一节 单位工程施工组织设计的内容、编制依据和程序

单位工程施工组织设计是指导单位工程施工企业进行施工准备和进行现场施工的全局性的技术经济文件。它既要体现国家有关法规和施工图的要求，又要符合施工活动的客观规律。它是在施工承包合同签订之后，由施工单位组织技术人员进行编制的。

一、单位工程施工组织设计的内容

1. 建设项目的工程概况和施工条件

每一个单位工程施工组织设计的第一部分要将本建设项目的工程情况作简要说明，如以下内容。

（1）工程概况

结构形式，建筑总面积，概预算价格，占地面积，地质概况等。

（2）施工条件

建设地点，建设总工期，分期分批交工计划，承包方式，建设单位的要求，承包单位的现有条件，主要材料的供应情况，运输条件及工程开工尚需解决的主要问题。

2. 施工方案

施工方案是单位工程或分部工程中某项施工方法的分析，如某基础的施工，可以有若干个方案，对这些方案耗用的劳动力、材料、机械、费用及工期等在合理组织的条件下，进行技术经济分析，从中选择最优方案。好的施工方案对组织施工有实际的经济效益，且可缩短工期和提高质量。如在若干方案的比较中，最终选择的最优方案比其他方案造价仅降低1%，但由此所降低成本的实际数值确很可观，这就是施工组织设计编制人员劳动所创造的效益。何况在实际方案比较中所降低的造价，远远超过1%，但是这种技术经济比较的工作往往被人们忽视。

确定施工方案时，应考虑施工顺序、施工方法、施工机械及施工的组织方法。如主要施工机械选用，机械布置位置及其开行路线，现浇钢筋混凝土施工中各种模板的选用，混凝土水平与垂直运输方案的选择，降低地下水的方案比较，各种材料运输方案的选择，尤其是对新技术，则要求更为详细。

3. 施工进度计划

根据实际条件，应用流水作业或网络计划技术，合理安排工程的施工进度计划，使其达到工期、费用、资源等优选。根据施工进度及建设项目的工程量，提出劳动力、材料、机械、构件的供应计划。

4. 施工平面图

在施工现场合理布置施工机械、仓库、临时建筑、运输道路、临时水电管网、围墙、门卫等，力求使材料及预制构件的二次搬运量最少。所谓"文明施工"的标志主要是指施工现场井井有条，布置合理，各种运输线路畅通，为施工创造良好的条件，并且施工现场及时清

除施工垃圾，排水系统能迅速排除雨水和施工废水、材料和预制构件的堆放要以便于施工为目的，并注意堆放方法以减少损失。

5. 保证工程质量的措施

"百年大计，质量第一"，为确保工程质量，要求承包单位结合工程特点和施工条件在施工组织设计必须制定详细的质量保证措施，可以从以下方面考虑。

① 开工前认真熟悉图纸及技术标准、规范，参加建设单位组织的图纸会审与交底。

② 认真制定施工组织设计与施工技术方案。

③ 建立施工现场项目管理机构的质量管理体系、技术管理体系和质量保证体系。成立组织机构、制定管理制度、配备专职管理人员和特种作业人员，且人员的能力及资质符合要求。

④ 工程分包符合国家相关法律法规的要求及施工合同的约定，分包单位的资格符合有关规定。

⑤ 制定测量工作的管理制度，测量人员岗位证书和测量设备的检定证书符合要求。

⑥ 做好进场材料的质量控制，严把材料进场关。

⑦ 做好工程隐蔽验收、检验批、分项、分部及单位工程的竣工验收。

6. 安全技术措施

《中华人民共和国建筑法》、《中华人民共和国安全生产法》、《建设工程安全生产管理条例》等对建设工程安全生产的管理有明文规定。主要有建筑施工企业安全生产许可制度、三类人员考核任职制度、特种作业持证上岗制度、政府安全监督检查制度、危及施工安全工艺、设备、材料淘汰制度、生产安全事故报告制度和施工起重机械使用登记制度、施工企业安全生产教育培训制定、专项施工方案专家论证审查制度、施工现场消防安全责任制度、意外伤害保险制度和生产安全事故应急救援制度等。

安全第一，预防为主。建设工程施工劳动人数众多，规模大且工作环境复杂多变，安全生产的难度很大，通过建立各项制度，制定安全技术措施，规范建设工程的生产行为，提高建设工程安全生产水平。

要求在施工组织设计中根据工程特点和施工条件等因素，从安全管理、文明施工、脚手架、基坑支护与模板工程、三保四口防护、施工用电、物料提升机与外用电梯、塔吊起重吊装和施工机具等方面制定安全技术措施。

同时依据《建设工程安全生产管理条例》、《危险性较大的分部分项工程安全管理办法》对超过一定规模的危险性较大的分部分项工程应编制专项施工方案，并附具安全验算结果，经施工单位技术负责人、总监理工程师签字后实施，由专职安全生产管理人员进行现场管理。危险性较大的分部分项工程包括以下内容。

① 基坑支护与降水工程；

② 土方开挖工程；

③ 模板工程；

④ 起重吊装工程；

⑤ 脚手架工程；

⑥ 拆除、爆破工程；

⑦ 国务院建设行政主管部门或其他有关部门规定的其他危险性较大的工程。

对超过一定规模的危险性较大的分部分项工程的专项施工方案承包单位应组织专家论证。

7. 主要技术经济指标

这是衡量施工组织设计编制水平的一个标准，包括劳动力均衡性指标、工期指标、劳动生产率、机械化程度、机械利用率、降低成本等指标。

二、单位工程施工组织设计的编制依据

根据建设工程的类型和性质，建设地区的各种自然条件和经济条件，工程项目的施工条件以及本施工单位的力量，向各有关部门调查和搜集资料，不足之处可通过实地勘测或调查取得，单位工程施工组织设计编制依据主要包括以下内容。

① 施工组织总设计。单位工程是建筑群的一个组成部分，单位工程施工组织设计必须按照施工组织总设计的有关内容、各项指标和进度要求进行编制，不得与施工总设计相矛盾。

② 地质、气象等自然条件资料。主要包括地层分布情况，地基承载力，地下水及暴雨后场地积水和排水情况，施工期间最低、最高气温、延续时间、雨季时间和降雨量等情况。

③ 经过会审的施工图纸。施工图纸是施工活动中重要的技术文件，是施工的依据。它包括全部施工图纸、会审记录和有关标准图，较复杂的工业厂房等，还包括设备、管道等图纸。

④ 工程预算。以施工图预算提供的工程量作为确定施工任务的依据。

⑤ 水电供应条件，劳动力及材料，构配件供应情况。包括施工机具配备情况、现场有无可利用的房屋等。

⑥ 设备安装队伍进场时间对土建施工的要求。

⑦ 国家有关规定和标准，如施工验收规范、规程、定额、手册等。

⑧ 上级机关对工程的要求，如建筑工期、用地范围、质量等级和技术要求，也包括业主对工程的意图和要求。

⑨ 建设场地的征购、拆迁情况，施工许可证等前期工作完成情况。

三、单位工程施工组织设计编制程序

所谓编制程序，是指单位工程施工组织设计各组成部分形成的先后次序，以及相应之间的制约关系。根据我国建筑业多年工作实践，一般单位工程施工组织设计编制程序如图 5-1 所示。

由于单位工程施工组织设计是基层施工单位控制和指导施工文件，必须切合实际。在编制前应会同各有关人员，共同研究其主要技术措施和组织措施，并在编制

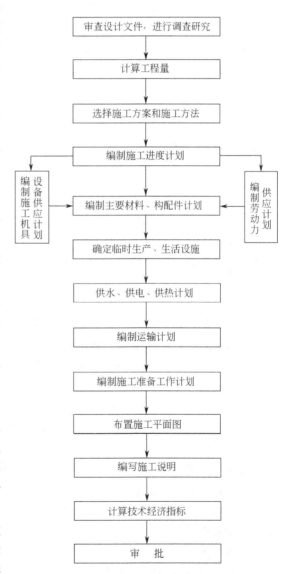

图 5-1 施工组织设计编制程序

过程中不断优化。

第二节 工程概况和施工特点分析

一、工程概况

单位工程施工组织设计中的工程概况，是对拟建工程的工程特点、地点特征和施工条件等做一个简洁、明了、重点突出的文字介绍。其内容见表 5-1，主要包括以下几个方面。

表 5-1 工程概况

建设单位		建筑结构			建筑装修	
勘察单位		层数		楼板	内粉	
设计单位		基础		屋架	外粉	
监理单位		墙体		吊车梁	门窗	
施工单位		柱			楼面	
建筑面积		梁			地面	
工程造价		楼板			天棚	
计划	开工日期				地质情况	
	竣工日期					
编制程序	上级文件和要求				地下水位	
	施工图纸情况					
	合同签订情况				雨量	
	土地征购情况					
	"三通一平"情况				气温	
	主要材料落实程度					
	临时设施解决办法				其他	
	其他					

1. 工程特点

针对工程特点，结合调查资料，进行分析研究，找出关键性的问题加以说明。对新材料、新结构、新工艺及施工的难点应重点说明。

（1）工程建设概况

拟建工程的建设单位，工程名称、性质、用途、作用和建设目的，资金来源、工程投资额，开、竣工日期，设计单位，施工单位，监理单位，施工图纸情况，施工合同，主管部门的有关文件或要求，以及组织施工的指导思想等。

（2）建筑设计特点

拟建工程的建筑面积，平面形状和平面组织情况，层数、层高、总高度、总长度与总宽度等尺寸及室内外装饰、建筑节能情况。并附拟建工程的平面、立面、剖面简图。

（3）结构设计特点

基础的类型及埋置深度、主体结构的类型，墙、柱、梁、板等主要构件的尺寸等。

（4）设备安装、智能系统设计特点

建筑采暖卫生与煤气工程、建筑电气安装工程、通风与空调工程、电梯安装、智能系统工程的设计要求。

（5）施工条件

水、电、道路及场地平整的"三通一平"情况，施工现场及周围环境情况，当地的交通运输条件，预制构件生产及供应情况，施工单位机械、设备、劳动力的落实情况，内部承包方式，劳动组织形式及施工管理水平，现场临时设施、供水、供电问题的解决。

2．建设地点特征

拟建工程的位置、地形、地质、地下水位、水质、气温、冬期和雨期期限、主导风向、风力和地震烈度等特征。

二、工程施工特点的分析

说明工程施工的重点，抓住关键，使施工顺利进行，提高施工单位的经济效益和管理水平。

不同类型的建筑、不同条件下的工程施工，有其不同的施工特点。如砖混结构住宅建筑的施工特点是：砌砖和浇筑混凝土工程量大，水平与垂直运输量大。又如现浇钢筋混凝土高层建筑的施工特点主要有：结构和施工机具设备的稳定性要求高，钢材加工量大，混凝土浇筑难度大，脚手架搭设要进行计算，安全问题突出，要有高效率的垂直运输设备等。

第三节　施工方案的选择

施工方案是施工组织设计的核心，它包括选择施工机械、确定施工开展程序和施工流向、选择施工方法、划分施工段等。施工方案选择确定与否，直接影响到工程的质量、进度与成本，因此应十分重视施工方案的选择。

① 确定合理的施工顺序、施工段的划分及施工起点流向。

② 确定合理的施工方法及相适应的施工机械。

③ 确定合理的施工组织方法。

一、单位工程的施工顺序

施工顺序是指单位工程中各分部分项工程或施工过程之间施工的先后次序。确定施工顺序时，既要考虑施工客观规律、工艺顺序，又要考虑各工种在时间与空间上最大限度的衔接，从而在保证质量的基础上充分利用工作面，争取时间、缩短工期，取得较好的经济效益。

1．安排施工顺序的基本要求

（1）必须满足施工工艺要求

各施工过程之间存在着一定的工艺顺序，这是由客观规律所决定的。当然工艺顺序会因施工对象、结构部位、构造特点、使用功能及施工方法不同而变化。在确定施工顺序时应分析各施工过程之间的工艺关系。如现浇钢筋混凝土框架柱施工顺序为：绑扎柱钢筋→支柱模板→浇筑混凝土→养护→拆模。而浇筑钢筋混凝土电梯井施工顺序则为：绑扎钢筋→支电梯井内外模板→浇筑混凝土→养护→拆模。

（2）施工顺序应与施工方法和施工机械一致

施工方法和施工机械对施工顺序有影响。例如，基础工程中钢筋混凝土筏板基础采取基坑开挖的施工顺序为：基础土方开挖→绑扎钢筋→支模板→浇筑混凝土→养护→拆模→回填土；而深圳地王大厦则采用逆作业法，逆作业法采用地下连续墙作地下室基础结构，可大大缩短基础施工时间，不需要进行基坑大开挖。在单层工业厂房结构安装工程中，如采用自行杆式起重机，一般选择分件吊装法，起重机在厂房内三次开行才能吊装完厂房结构构件；而选择桅杆式起重机，则必须采用综合吊装法。综合吊装法与分件吊装法起重机开行路线及构件平面布置是不同的。

(3) 应考虑施工组织顺序的安排

施工组织顺序是在劳动组织条件确定下,同一工作开展顺序。例如,地下室混凝土地坪,可以在地下室顶板浇筑前施工,也可以在地下室顶板浇筑后施工。又如某些重型工业厂房的基础工程,由于设备基础埋深较深,若先建厂房、后施工设备基础,则可能在设备基础施工时,会影响厂房柱基安全。在这种情况下,宜先施工设备基础,再进行厂房柱基础施工,即开敞式施工方法。

(4) 应考虑施工质量的要求

在安排施工顺序时,应以确保工程质量为前提。为了加快施工进度,必须有相应保证质量的措施,不能因为加快施工进度,而采用影响工程质量的施工顺序。为了缩短工期、加快进度,尽早投入装修工程,装修工程可以在结构封顶之前进行。如高层建筑主体结构施工进行了几层以后,可先对这部分工程进行结构验收,然后自下而上进行室内装修。但上部结构施工用水会影响下面的装修工程,因此必须采取严格的防水措施,并对装修后的成品加强保护,否则装饰工程应在屋面防水结构施工完成再进行。

(5) 应考虑自然条件的影响

安排施工顺序时应考虑自然条件对施工顺序的影响。南方地区应多考虑夏季多雨及热带风暴对施工的影响,北方地区应多考虑寒冷天气对施工的影响。受自然条件影响较大的分部分项工程,如土方工程、防水工程、装饰工程中湿作业部分,要尽量地安排在冬季来临之前完成,而一些基本不受自然条件影响的项目要尽可能给上述项目让路,以保持施工活动的连续均衡。

(6) 应考虑施工安全的要求

确定施工顺序时,应确保施工安全,不能因抢工程进度而导致安全事故,对于高层建筑工程施工,不宜进行交叉作业。当不可避免地进行交叉作业时,应有严格的安全防护措施。

2. 多层混合结构房屋施工顺序

多层混合结构房屋施工,通常可以分为基础工程、主体结构工程、屋面及装饰工程三个阶段。

(1) 基础工程施工顺序

基础指室内地坪(±0.00)以下所有工程的施工阶段。其施工顺序一般为:挖土→做垫层→砌基础→铺设防潮层→回填土。当在挖槽和钎探过程中发现地下有障碍物,如洞穴、防空洞、枯井、软弱地基等,应进行局部加固处理。

因基础工程受自然条件影响较大,各施工过程安排尽量紧凑。基坑(槽)暴露时间不宜太长,以防暴晒和积水,影响其承载力。而且,垫层施工完后,一定要留有技术间歇时间,使其具有一定强度之后,再进行下一道工序施工。回填土应在基础完成后一次分层压实,这样既可保证基础不受雨水浸泡,又可为后续工作提供场地条件,使场地面积增大,并为搭设外脚手架以及建筑物四周运输道路的畅通创造条件。

各种管道沟挖土和管道铺设等工程,应尽可能与基础工程配合,平行搭接施工,合理安排施工顺序,尽可能避免土方重复开挖,造成不必要的浪费。

(2) 主体结构施工顺序

主体结构主要施工过程有:搭设脚手架,砌筑墙体,浇筑钢筋混凝土板、混凝土圈梁和构造柱,屋面工程施工、外墙保温与装饰、门窗安装等。其主导施工过程为砌筑墙体和浇筑混凝土。砌筑墙体时,一般以每个自然层作为一个砌筑层,然后分层进行流水作业。

主体结构施工阶段应重视楼梯间、厨房、厕所、盥洗室的施工，其施工与墙体砌筑与楼板安装密切配合，一般应在砌墙、安装楼板的同时相继完成。

(3) 屋面与装饰工程的施工顺序

屋面防水一般分为柔性防水和刚性防水，通常采用柔性防水。柔性防水采用卷材防水，其施工顺序为：结构层→找平层→隔气层→保温层→找平层→结合层防水层→保护层。屋面防水应在主体结构封顶后，尽早开始施工，以便为装饰工程施工提供条件。

外墙保温的施工顺序一般为：基层处理、外墙保温、抗裂砂浆、耐碱网格布、抗裂砂浆。施工过程中注意热桥部位的处理，特别要注意门窗框四周及阳台部位的处理。

装饰工程按施工部位分为外墙装饰、内墙装饰、顶棚装饰、楼地面装饰。按装饰施工种类分为抹灰、装饰板块、油漆涂料、玻璃、门窗、装饰墙裙、踢脚线等。因其存在手工作业量大、工种材料种类多等特点，因此妥善安排装饰工程施工顺序、组织好流水施工，对加快施工进度、缩短工期、保证质量有重要意义。

装饰工程应在结构完工经验收合格后方可进行。一般情况下，为保证其质量并有利于成品保护，应自上而下进行。

室外装饰，可自上而下施工底层，再自上而下施工面层；也可以自上而下逐层进行底面面层施工，同时安装水落管，每层所有工序均完成后落架子，最后进行勒脚、台阶、散水的施工。

室内装饰与室外装饰之间一般相互干扰很小，通常施工顺序为先室外、后室内。当室内施工水磨石地面时，应考虑水磨石地面污水对外墙面的影响。应先对室内水磨石地面进行施工，然后再进行外墙装饰施工。当采用单排外脚手架时，应先做外墙抹灰，拆除外脚手架后，填补脚手眼，待脚手跟灰浆干燥后再进行室内装饰。

室内抹灰工程从整体上可采用自上而下、自下而上、自中而下再自中而上三种施工顺序进行。

① 自上而下的施工流向　指主体结构封顶、屋面防水层完成后，从屋顶开始，逐层向下进行。其优点是主体恒载已到位，结构物已有一定沉降时间。屋面防水完成后，可以防止雨水对屋面结构的渗透，有利于室内抹灰的质量；工序之间交叉作业少，互相影响少，有利于成品保护，施工安全。其缺点是：不能尽早地与主体搭接施工，工期相对较长。该种顺序适用于层数不多且工期要求不太紧迫的工程。

② 自下而上施工流向　指主体结构已完成三层以上时，室内抹灰自底层逐层向上进行。其优点是主体工程与装饰工程交叉进行施工，工期较短。其缺点是工序之间交叉作业多，质量、安全、成品保护不易保证。因此，采取这种流向，必须有一定的技术组织措施作保证，如相邻两层中，先做好上层地面，确保不会漏水，再做好下层顶棚抹灰。该种方法适用于层数较多工期紧迫的工程。

③ 自中而下再自上而中施工顺序　该工序集中了前两种施工顺序的优点，适用于高层建筑的室内装饰施工。

室内抹灰在同一楼层中施工顺序一般为：顶棚→墙面→地面。该种抹灰顺序的优点是工期较短，但由于在顶棚、墙面抹灰时有落地灰，在地面抹灰之前，应将落地灰清理干净，否则会因落地灰影响抹灰层与预制板的黏结而引起楼面的起壳。

室内抹灰的另一种施工方法是：地面→顶棚→墙面→踢脚线。按照这种顺序施工，室内清洁方便，地面抹灰质量易于保证。但地面抹灰需要一定养护凝结时间，如组织得不好会拖延工期；并注意在顶棚抹灰中要注意对完工后的地面保护，否则易引起地面的返工。

室内抹灰应在室内设备安装并验收后进行。

楼梯和走道是施工的主要通道，在施工期间易于损坏，应在抹灰工程结束时，由上而下施工，并采取相应措施保护。门窗扇的安装应在抹灰工程完成后进行，以防止门窗框变形而影响使用。

某三层混合结构施工顺序示意如图 5-2 所示。

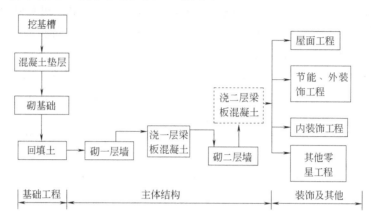

图 5-2 某三层混合结构施工顺序示意

3. 高层现浇混凝土剪力墙结构施工顺序

高层建筑的基础均为深基础，由于基础的类型和位置不同，其施工方法和顺序也不同，如采用逆作业法。

高层剪力墙结构施工主要分为基础工程、主体结构工程、屋面及装饰工程三个主要施工阶段。

（1）基础及地下室主要施工顺序

当采用一般方法施工时，由下而上施工顺序为：挖土→清槽→验槽→桩施工→垫层→桩头处理→清理→做防水层→保护层→投点放线→承台梁板扎筋→混凝土浇筑→养护→投点放线→施工缝处理→柱、墙扎筋→柱、墙模板→混凝土浇筑→顶盖梁、板支模→梁板扎筋→混凝土浇筑→养护→拆外模→外墙防水→保护层→回填土。

施工中要注意防水工程和承台梁大体积混凝土浇筑及深基础支护结构的施工，防止水化热对大体积混凝土的不良影响，并保证基坑支护结构的安全。

（2）主体结构的施工顺序

主体结构为现浇钢筋混凝土剪力墙，可采用模板或滑模工艺。

采用大模板工艺，分段流水施工，施工速度快，结构整体性、抗震性好。标准层施工顺序为：弹线→绑扎墙体钢筋→支墙模板→浇筑墙身混凝土→养护→拆墙模板→支楼板模板→绑扎楼板钢筋→浇筑楼板混凝土。随着楼层施工，电梯井、楼梯等部位也逐层插入施工。

采用滑升模板工艺，滑升模板和液压系统安装调试工艺顺序为：抄平放线→安装提升架、围圈→支一侧模板→绑墙体钢筋→支另一侧模板→液压系统安装→检查调试→安装操作平台→安装支撑杆→滑升模板→安装悬吊脚手架。

（3）屋面防水与外墙保温、装饰工程的施工顺序

屋面工程施工顺序基本与混合结构房屋相同。找平层→隔气层→保温层→找平层→底子

油结合层→防水屋→绿豆砂保护层。屋面防水应在主体结构封顶后，尽快完成，使室内装饰尽早进行。

外墙保温的施工顺序一般为：基层处理、外墙保温、抗裂砂浆、耐碱网格布、饰面层。施工过程中注意热桥部位的处理，特别要注意门窗框四周及阳台部位的处理。

装饰工程的分项工程及施工顺序随装饰设计的不同而不同。例如，室内装饰工程施工顺序一般为：结构处理→放线→做轻质隔墙→贴灰饼冲筋→立门窗框、安铝合金门窗→各类管道水平支管安装→墙面抹灰→管道试压→墙面喷涂贴面→吊顶→地面清理→做地面、贴地砖→安风口、灯具、洁具→调试→清理。若大模板墙面平整，只需在板面刮腻子，面层刷涂料。由于大模板不采用外脚手架，结构外装饰采用吊式脚手架（吊篮）。

应当指出，高层建筑种类繁多，如框架结构、剪力墙结构、筒体结构、框剪结构等。不同结构体系采用的施工工艺不尽相同，如大模板法、滑模法、爬模法等，无固定模式可循，施工顺序应与采用的施工方法相协调。

4. 钢结构单层工业厂房施工顺序

单层工业厂房应用较广，如冶金、机械、化工、纺织等行业的很多车间均采用单层工业厂房，目前多采用钢结构。单层工业厂房的设计定型化、结构标准化、施工机械化，大大地缩短了设计与施工时间，其施工顺序一般为：基础工程、工厂加工制作，结构安装工程、围护及装饰工程四个阶段，其施工顺序如图5-3所示。

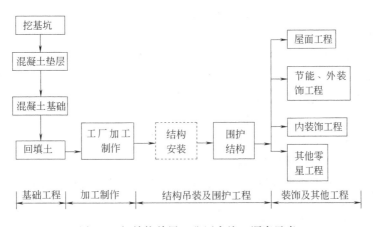

图5-3 钢结构单层工业厂房施工顺序示意

（1）基础工程施工顺序

基础工程施工顺序一般为：基坑挖土→验槽→做垫层→绑扎钢筋→安装模板→浇筑混凝土→养护→回填土等分项工程。

当中型或重型工业厂房建设在土质较差的场地上时，通常采用桩基础。此时，为了缩短工期，常将打桩阶段安排在施工准备阶段进行。

在地下工程开始前，应先处理好地下的洞穴等，然后确立施工起点流向，划分施工段，以便组织流水施工。并确定钢筋混凝土基础或垫层与基坑开挖之间搭接程度与技术间歇时间，在保证质量前提下尽早拆模和回填土，以免暴晒浸水，并提供预制场地。

在确定施工顺序时，必须确定厂房柱基础与设备基础的施工顺序，它常常影响到主体结构和设备安装的方法与开始时间，通常有两种方案。

① 当厂房柱基础埋深，深于设备基础埋深时，一般采用先施工厂房柱基础，后施工设

备基础，即所谓"封闭式"施工顺序。

通常，当厂房施工处于冬、雨季时，或设备基础体积不大，或采用沉井等特殊方法施工埋深较大的基础时，均可以采用"封闭式"施工顺序。

② 当设备基础埋深大于厂房柱基础埋深时，一般采用厂房柱基础先施工的"开敞式"施工顺序。

当厂房设备基础较大较深、基坑挖土范围连成一片，或深于厂房柱基础，及地基土质不准时，才采用设备基础先施工的顺序。

(2) 构件安装阶段的施工顺序

结构安装阶段主要是安装柱子、柱间支撑、基础梁、连系梁、吊车梁、屋架、天窗架和屋面板等。

每个构件的安装工艺顺序为：绑扎→起吊→就位→临时固定→校正→最后固定。结构构件吊装前要做好各种准备工作，其内容包括检查构件的质量、构件弹线、编号、基础顶面抄平弹线、杯形基础杯底抄平、杯口弹线、起重机准备、吊装验算等。

构件吊装顺序取决于吊装方法，单层工业厂房结构安装法有分件吊装法和综合吊装法。若采用分件吊装法，其吊装顺序一般为：第一次开行吊装全部柱子，并校正与永久固定；第二次开行吊装吊车梁、托架梁、连系梁与柱间支撑；第三次开行吊装完全部屋盖的构件。若采用综合吊装法时，其吊装顺序一般是先吊 4～6 根柱并迅速校正和固定，再吊装梁及屋盖的全部构件，如此依次逐个节间吊装，直到整个厂房吊装完毕。

(3) 其他工程施工顺序

其他工程是指围护工程和装饰工程。围护工程主要工作内容为墙体砌筑、安装门窗框等施工过程。墙体工程包括搭设脚手架和内外墙砌筑等分项工程。在厂房结构安装工程结束之后，或安装完一部分区段之后，即可开始内、外墙分层分段流水施工。不同的分项工程之间可组织主体交叉平行流水施工。墙体工程、屋面工程和地面工程应紧密配合，墙体工程完工后，应考虑屋面工程和地面工程施工。

屋面工程包括屋面板和屋面防水施工。

装饰工程为室内装饰和室外装饰。一般单层工业厂房装饰标准较低，所占工期较少，可与设备安装等工序穿插进行。

二、单位工程的施工起点流向

单位工程施工流向是指施工活动在空间上的展开与进程。单层建筑要确定平面上的流向；多层建筑除要确定平面上的流向外，还要确定竖向上的流向。

在单位工程施工组织设计中应根据"先地下、后地上"，"先主体、后围护"，"先结构、后装饰"，"先土建、后安装"的一般原则，结合工程具体特点，如施工条件、工程要求，合理地确定建筑物施工开展顺序，包括确定各建筑物、各楼层、各单元的施工顺序，划分施工段、各施工过程的流向。

确定单位工程施工流向一般应考虑下列主要问题。

① 平面上各部分施工繁简程度。对技术复杂，工期较长的分部分项工程优先施工，如地下工程等。

② 当有高低跨并列时，应从并列跨处开始吊装。

③ 保证施工现场内施工和运输的畅通。如单层工业厂房预制构件，宜以离混凝土搅拌机最远处开始施工，吊装时应考虑起重机退场等。

④ 满足用户在使用上的要求，生产性建筑要考虑生产工艺流程及先后投产顺序。
⑤ 考虑主导施工机械的工作效益，考虑主导施工过程的分段情况。

三、选择施工方法和施工机械

施工方法和施工机械的选择是施工方案中的重要问题，二者是紧密联系的，它直接影响施工进度、质量及工程成本。在技术上它是解决各主要施工过程的施工手段和工艺问题。如基础工程的土方开挖应采用什么机械来完成，要不要采取降低地下水的措施；浇筑大型基础混凝土的水平运输采用什么方式；主体结构构件的安装应采用怎样的起重机械才能满足吊装范围和起重高度的要求；墙体工程和装修工程的垂直运输如何解决等。

单位工程任何一个施工过程总可以采用几种不同的施工方法，使用不同的施工机械进行施工，每一种方法都有一定的优缺点，应根据施工对象的建筑特征、结构形式、场地条件及工期要求等，对多个施工方法进行比较，选择一个先进合理的、适合本工程的施工方法，并选择相应的施工机械。

1. 确定施工方法和施工机械应遵守的原则

① 施工方法技术上先进性和经济上合理性相统一。
② 兼顾施工机械的适用性和多用性，充分发挥施工机械的利用率。
③ 充分考虑施工单位特点、技术水平、施工习惯及可利用现场条件。

2. 确定施工方法的重点

在选择施工机械时，应首先选择主导工程的机械，然后根据建筑特点及材料、构件种类配备辅助机械，最后确定与施工机械相配套的专用工具设备。

确定施工方法时应着重考虑影响整个单位工程施工的分部分项工程的施工方法。如在单位工程中占重要地位的分部分项工程；施工技术复杂或采用新工艺、新材料、新技术对工程质量起关键作用的分部分项工程；不熟悉的特殊结构工程或由专业施工单位施工的特殊专业工程的施工方法。而对于常规做法和工人熟悉的分部分项工程即可不必详细拟定施工方法。但对于下列一些项目的施工方法则应详细、具体。

① 工程量大，在单位工程中占重要地位，对工程质量起关键作用的分部分项工程，如基础工程、钢筋混凝土工程等隐蔽工程。
② 施工技术复杂、施工难度大，或采用新技术、新工艺、新结构、新材料的分部分项工程。如大体积混凝土结构施工、模板早拆体系、无黏结预应力混凝土等。
③ 施工人员不太熟悉的特殊结构，专业性很强，技术要求很高的工程。如仿古建筑、大跨度空间结构、大型玻璃幕墙、薄壳、悬索结构等。

3. 主要分部分项工程施工方法要点

（1）土石方工程
① 计算土石方工程的工程量，确定土石方开挖或爆破方法，选择土石方施工机械。
② 确定土壁放坡的边坡系数或土壁支护形式及打桩方法。
③ 选择地面排水、降低地下水位方法，确定排水沟、集水井或布置井点降水所需设备。
④ 确定土方调配方案。

（2）钢筋混凝土工程
① 确定混凝土工程的施工方案：大模板法、滑升法、升板法或其他方法。
② 确立模板类型和支模方法，对于复杂工程还需进行模板设计和进行模板放样。

③ 选择钢筋加工、连接方法。

④ 选择混凝土制备方案，如采用商品混凝土还是现场拌制混凝土，确定搅拌运输及浇筑方法以及混凝土垂直运输机械的选择。

⑤ 选择混凝土搅拌、密实成型机械，确定施工缝留设位置。

⑥ 确定预应力混凝土结构的施工方法、控制方法和张拉设备。

在选择施工方法时，应特别注意大体积混凝土、特殊条件下混凝土、高强度混凝土及冬期混凝土施工中的技术方法，注重模板早拆化、标准化，钢筋加工中的联动化、机械化，混凝土运输中采用大型搅拌运输车，泵送混凝土，计算机控制混凝土配料等。

(3) 结构安装工程

① 确定起重机类型、型号和数量。

② 确定结构构件安装方法，安排吊装顺序、机械开行路线、构件制作平面布置，拼装场地。

③ 确定构件运输、装卸、堆放和所需机具设备型号、数量和运输道路要求。

(4) 装饰工程

① 确定各装饰工程的操作方法及质量要求。

② 确定材料运输方式及储存要求。

③ 确定所需机具设备。

(5) 特殊项目

对于特殊项目，如采用新材料、新工艺、新技术、新结构的项目，以及大跨度、高耸结构、水下结构、深基础、软弱地基等项目，应单独选择施工方法，阐明施工技术关键，进行技术交底，加强技术管理，拟定安全质量措施。

四、施工方案的技术经济分析

施工方案的技术经济分析是选择最优方案的重要途径。首先拟定在技术上可行的几个施工方案，采用定性分析方法或定量分析方法进行比较，然后选择出一个工期短、成本低、质量好、材料省、劳动力安排合理的最优方案。

评价施工方案的技术经济指标有工期指标、降低成本指标、主要工种施工机械化程度指标、主要材料（三大材料）节约指标和劳动消耗量指标。

1. 工期指标

工期指标是工程开工至竣工的全部日历天数，反映建设速度，是影响投资效益的主要指标。应将工程计划完成工期与国家规定工期或建设地区同类建筑物平均工期相比较。

2. 成本指标

成本指标可以综合反映不同施工方案的经济效果。降低成本方法一般有降低成本额和降低成本率方法。

$$r_0 = \frac{C_0 - C}{C_0} \times 100\% \tag{5-1}$$

式中　C_0——预算成本；

　　　C——施工方案中计算成本；

　　　r_0——降低成本率；

$C_0 - C$——降低成本额。

3. 主要工种施工机械化程度指标

施工机械化程度是工程全部实物工程量中机械完成量的比重,是衡量施工方案的重要指标之一。

$$施工机械化程度 = \frac{机械完成实物量}{全部实物量} \times 100\% \tag{5-2}$$

4. 主要材料节约指标

$$主要材料节约指标 = \frac{主要材料节约量}{预算材料用量} \times 100\% \tag{5-3}$$

5. 劳动消耗量指标

劳动消耗量反映工程的机械化程度,机械化程度系数越高,劳动生产率就越高,劳动消耗量就越少。劳动消耗量 N 由主要用工 n_1、准备用工 n_2、辅助用工 n_3 组成。

$$N = n_1 + n_2 + n_3 \tag{5-4}$$

例如,某施工队承建六幢高层塔楼,施工设计时分别对主体结构中四种方案分别进行计算,各方案中的模板费用、大型机械费用、劳动量及工期见表 5-2。

表 5-2 不同施工方案指标比较

方案序号	方案内容	模板费/万元	机械费/万元	劳动量/工日	备注
1	滑模施工	118.67	12.74	279	两套滑模设备
2	全钢大模板	61.3	16.25	383	一套大模板两幢对翻
3	租赁组合大模板	43.55	18.31	458	80%租赁,其余新购
4	钢框七类板模板	55.9	16.25	383	同方案 2

从表 5-2 中可以得出以下结论。

① 滑模工艺模板一次制作。连续滑升,施工速度快、工期短、节省机械费。但一次投资额大;当墙身截面变化时,楼板模板支设、拆除在技术方面有一定难度。

② 全钢大模板与滑模工艺比较,工期长、机械费与劳动量都增加,但一次投资少,几乎为滑模设备投资的 1/2。

③ 租赁定型组合钢筋模板拼装大模板,工期、机械费、劳动消耗同全钢大模板,模板费用量低。

④ 采用七类板做大模板面板,实际上是全钢大模板的改进。它的优点是一次投资量少,其他指标同全钢大模板。当然,模板周转次数要比全钢大模板少。

究竟采用哪种方案,应根据工期、费用及施工合同的具体要求确定。当然还应进一步分析设备、台班费及设备残值,并了解工程后续情况,这样更有利于施工方案的决算。

第四节 施工进度计划

单位工程施工进度计划是在已确定的施工方案及合理安排施工顺序基础上编制的,它要符合实际的施工条件,在规定工期内,有节奏、有计划、保质保量地,以最少的劳动力、机械和其他资源的耗用来完成任务。

施工进度计划的主要作用是控制单位工程的施工进度,协调各施工过程之间的相互关系,为编制季度、月生产计划提供依据;也是为平衡劳动力,调配和供应各种机械和材料提供依据;同时,也为施工准备工作提供依据。如材料供应和运输、预制构件及施工机械的进场时间、劳动力的调配等均按照进度计划来控制日期。因此，它是工程进展的龙头和指挥棒。

施工进度计划编制时，既要强调各施工过程之间紧密配合，又要适当留有余地，以应付各种难以预测的情况，避免陷于被动局面。另外在施工的过程中，也便于不断修改和调整，使进度计划总是处于最佳状态。

施工进度计划可以用横道图（水平进度表）或网络图表示。

一、施工进度计划的概念

单位工程施工进度计划是控制单位工程各项施工活动的进度，确保工程如期完成的计划，是施工方案在时间上的反映，是调配材料、劳动力、机具等的依据，又是编制季、月计划的基础。

二、单位工程施工进度计划的作用

① 安排单位工程施工进度，保证在规定工期内使项目建成启动。
② 确定各施工过程中的施工顺序、持续时间及相互逻辑关系。
③ 为编制季度、月生产作业计划提供依据。
④ 为编制施工准备工作计划和各种资源计划提供依据。
⑤ 指导现场的施工安排。

三、单位工程施工进度计划的编制依据

① 施工组织总设计中总进度计划对本工程的进度要求。
② 施工工期要求及建设单位要求。
③ 经过审批的各种技术资料。
④ 自然条件及各种技术经济资料的调查。
⑤ 主要分部分项工程的施工方案。
⑥ 施工条件、劳动力、材料、构配件、机械设备供应情况。
⑦ 劳动定额及机械台班定额。
⑧ 有关规范规程及其他资料。

四、单位工程施工进度计划编制程序

单位工程施工进度计划编制程序如图 5-4 所示。

五、划分施工过程

划分施工过程是根据结构特点、施工方案及劳动组织确定拟建工程的施工过程。这些施工过程是施工进度计划组成的基本单元。把拟建工程的各施工过程按先后顺序列出，并将其填入施工进度计划表中。

工程项目划分粗细程度取决于客观需要。对于控制性进度计划，项目可划分得粗些，列出部分工程中主导施工过程就可以了。如单层厂房的施工进度计划，只可列出土方工程、基础工程、工厂加工制作、吊装工程等。对于实施性进度计划，工程项目（即施工过程）划分必须详细、具体，以提高计划的精度，以便指导施工。如框架结构工程施工，

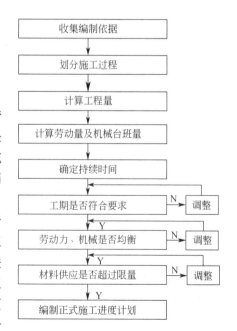

图 5-4　单位工程施工进度计划编制程序

除要列出各分部工程外，还应列出分项工程；如现浇混凝土工程，可先分为柱的浇筑、梁的浇筑等项目，然后再将其分为（柱、梁、板）支模、扎筋、浇筑混凝土、养护拆模等项目。

工程项目的划分还要结合施工条件、施工方法和施工组织等因素。同时为了避免划分过细而重点不突出，可以将某些施工过程合并在一起或合并到某个重要分项施工过程中去。对于一些次要的、零星的施工过程，可合并在一起，作为"其他工程"单独立项，在计算劳动量时综合考虑。

划分施工过程时，要密切结合确定的施工方案。由于施工方案不同，施工过程名称、数量和内容也有所不同。如某深基坑施工，当采用放坡开挖时，其施工过程有井点降水和挖土两项；当采用板桩支护时，其施工过程就包括井点降水、打板桩和挖土三项。

六、计算工程量

工程量的计算应严格按照施工图和工程量计算规则进行。若编制计划时已经有了预算文件，则可以直接利用预算文件中的有关工程量数据。若某些项目不一致，则应根据实际情况加以调整或补充，甚至重新计算。计算工程量时应注意如下几个方面问题。

① 各分部分项工程量的计算单位应与先行施工定额的计算单位相一致，以便计算劳动量、材料、机械台班时直接套用定额。

② 结合施工方法和技术安全的要求计算工程量。例如，基础工程中挖土方中的人工挖土、机械挖土、是否放坡、坑底是否留工作面、是否设支撑等，其土方量计算是不同的。

③ 当施工组织中分段、分层施工时，工程量计算也应分段、分层计算，以便于施工组织和进度计划的编制。

④ 计算工程量时。应尽量考虑到编制其他计划时使用的工程量数据的方便，做到一次计算，多次使用。

七、计算劳动量和机械台班量

根据施工过程的工程量、施工方法和现行的施工定额进行劳动量和机械台班量计算。

$$P_i = \frac{Q_i}{S_i} = Q_i H_i \tag{5-5}$$

式中　P_i——某施工过程的劳动量（工日）或机械台班量（台班）；

　　　Q_i——该施工过程的工程量；

　　　S_i——计划采用的产量定额；

　　　H_i——计划采用的时间定额。

施工进度计划中的，施工过程所包含的工作内容为若干分项工程综合时，可将该过程的定额相应扩大综合，求出平均产量定额，使其适应施工进度计划所列的施工过程，平均产量的定额可按下式计算，即

$$S = \frac{\sum_{i=1}^{n} Q_i}{\dfrac{Q_1}{S_1} + \dfrac{Q_2}{S_2} + \dfrac{Q_3}{S_3} + \cdots + \dfrac{Q_n}{S_n}} \tag{5-6}$$

式中　$Q_1, Q_2, Q_3, \cdots, Q_n$——同一施工过程中各分项工程的工程量；

　　　$S_1, S_2, S_3, \cdots, S_n$——同一施工过程中各分项工程量的产量定额；

　　　S——该施工过程平均产量定额（或平均机械产量定额），也称为综合产量定额。

实际应用时，应注意综合前各分项工程的工作内容和工程量单位，当合并综合前的各分项工程的工作内容和工作量单位完全一致时，公式中应等于各分项工程量之和；当各分项工作内容和工程量单位不一致时，应取与综合产量定额单位一致且工作内容也基本一致的各分项工程的工程量之和。

例如，某一预制钢筋混凝土构件工程，其施工参数见表5-3。

表5-3 某钢筋混凝土预制构件施工参数

施工过程	工程量		时间定额	
	数量	单位	数量	单位
安装模板	15.5	$10m^3$	2.12	工日/$10m^3$
绑扎钢筋	18	t	14.5	工日/t
浇筑混凝土	149	m^3	1.82	工日/m^3

$$S=\frac{149}{15.5\times2.12+18\times14.5+149\times1.82}=0.3553$$

该综合产量定额意义为：每工日完成 $0.3553m^3$ 预制构件的生产，其中包括模板支设、钢筋绑扎和浇筑混凝土的综合项目。

八、确定分部分项工程的持续时间

计算各施工过程的持续时间的方法一般有两种。

1. 按劳动资源的配置情况计算

$$t=\frac{P}{nb} \tag{5-7}$$

式中 t——完成某一施工过程的持续时间；

P——该施工过程所需完成的劳动量（工日）或机械台班量；

n——每个工作班投入该施工过程的工人数（或机械台班数）；

b——每天工作班数。

2. 按工期倒排进度

$$n=\frac{P}{tb} \tag{5-8}$$

确定施工过程持续时间，还应考虑工作人员和施工机械的工作面情况，工作人员和机械数量可以增加也可以减少，但超过工作面限制时则工人和施工机械的工作效率下降，同时也会产生生产安全问题。

九、施工进度计划的实时监测与调整

各分部分项工程施工顺序和施工天数确定之后，将各分部分项工程相互搭接、配合、协调成单位工程施工进度计划。安排时先考虑主导施工过程的进度，然后再将其他施工过程插入，配合主导施工过程的施工。

当采用横道图施工进度计划时，应尽可能地组织流水施工。但将整个单位工程一起安排流水施工是不可能的，可分两步进行：一是将单位工程分成基础、主体、装饰三个分部工程，分别确定各个分部工程的流水施工进度计划（横道图）；二是将三个分部工程的横道图，相互协调，搭接成单位工程的施工进度计划。

当采用网络图计划时，有两种安排方式。

① 单位工程规模较小时，可以绘制一个详细的网络计划，确定方法与步骤与横道图相同，先绘制各分部工程的主网络计划，再用节点或虚工作将各分部工程的子网络计划连接成

单位工程的施工进度计划。

② 单位工程规模较大时，先绘制整个单位工程的控制性网络计划，在此网络计划中，施工过程的内容比较粗（例如，在高层建筑施工上，一根箭线代表整个基础工程或一层框架结构的施工），它主要对整个单位工程作宏观的控制；在具体指导施工时，再编制详细的实施性网络计划，例如，基础工程实施性网络计划，主体结构标准层实施性网络计划。

编制施工进度时，需考虑的因素很多，初步编制往往会出现这样或那样的问题。因此初步进度计划完成后，还必须进行检查、调整。

对于初步施工进度计划，主要检查其各分部分项的施工顺序、施工时间和单位工程的工期是否合理，劳动力、材料、机械设备供应能否满足要求，且是否均衡；另外，还要检查进度计划在绘制过程中是否有错误。

经过检查，如发现不合理的地方，就要调整，调整进度计划可以通过调整施工过程的工作天数。搭接关系或改变某些施工过程的施工方法来实现。在调整某一分项工程时要注意它对其他分项工程的影响。通过调整，可使劳动力、材料的需要量更为均衡，主要施工机械的利用更为合理，避免或减少短期内资源供应过分集中。

第五节　施工准备工作及劳动力和物资需要量计划

单位工程施工进度计划确定之后，可以根据进度计划编制各种资源计划，如劳动力计划，施工机械需要计划，各种材料、构件、半成品需要计划，以利于劳动组织和技术物资供应，保证施工进度计划的顺利完成。

一、施工准备工作计划

单位工程施工前，通常根据施工要求，编制一份施工准备工作进度计划，主要内容见表5-4。

表 5-4　施工准备工作进度计划

序号	准备工作项目	工程量		进　　度											
				×月						×月					
		单位	数量	1	2	3	4	5	…	1	2	3	4	5	6	…

二、劳动力需要量计划

将施工过程所需要的主要工种劳动力，根据施工进度的安排进行叠加，就可编制出主要工种劳动力需要量计划，见表5-5。它的作用是为现场的劳动力调配提供依据。

表 5-5　劳动力需要量计划

序号	工作名称	总劳动量	每月需要量/工日					
			1	2	3	4	…	12

三、施工机械需要量计划

根据施工方案和施工进度计划确定施工机械类型、型号、数量与进场时间，一般把单位工程施工进度表中每一个施工过程、每天所需的机械类型、数量和施工日期进行汇总，得出施工机械需要量计划，见表5-6。

表 5-6　施工机械需要量计划

序　号	机械名称	机械类型	需要量		来源	使用起止时间	备注
			单位	数量			

四、主要材料及构件需要量计划

材料需要量计划主要为组织材料供应，确定材料仓库面积，确定材料堆场面积和运输计划之用。主要材料需要量计划见表 5-7。

表 5-7　主要材料需要量计划

序号	材料名称	规格	需要量		供应时间	备注
			单位	数量		

若某分部分项工程是由多种材料组成。如混凝土工程，在计算其材料需要量时，应按混凝土配合比，将混凝土工程量换算成水泥、砂、石等材料的数量。

建筑结构构件、配件和其他加工品的需要量计划，同样可按主要材料需要量计划的方法编制。它是同加工单位签订供应协议或合同、确定堆场面积、组织运输工作的依据，见表 5-8。

表 5-8　主要构件需要量计划

序　号	品名	规格	图号	需要量		使用部位	加工单位	供应日期	备注
				单位	数量				

五、运输计划

运输计划用于组织运输力量，保证货源按时进场。运输计划见表 5-9。

表 5-9　材料运输计划

序　号	需运项目	单位	数量	货源	运距	运输量	所需运输量			起止时间
							名称	吨位	台班	

六、单位工程施工进度计划评价指标

评价单位工程施工进度计划的优劣，主要有下列指标。

1. 工期

施工进度计划的工期应符合合同工期要求，并在可能情况下缩短工期，保证工程早日交付使用，取得较好的经济效果。

提前时间＝合同工期－计划（或计算）工期

节约时间＝定额工期－计划（或计算）工期

2. 建安工人日产值

$$建安工人日产值 = \frac{计划工作量}{计划工期 \times 每天平均工日数} \tag{5-9}$$

3. 工日节约率

$$总工日节约率 = \frac{施工预算工期 - 计划用工数}{施工预算用工数} \tag{5-10}$$

4. 劳动量消耗的均衡性

力求每天出勤人数不发生较大的波动，即力求劳动力消耗均衡，这对施工组织和临时设施布置有很大好处。劳动力消耗的均衡性用劳动力不均衡系数 K 来表示，即

$$K = \frac{R_{\max}}{R_{平均}} \tag{5-11}$$

式中 $R_{\max}$——施工期间工人日最大需要量；

$R_{平均}$——施工期间工人加权平均需要量。

劳动力不均衡性系数越接近1，说明劳动力安排越合理。在组织流水作业情况下，可得到较好的 K 值，除了总劳动力消耗均衡外，对各专业工人的均衡性也应十分重视。

当建筑工地有若干个单位同时施工时，就应该考虑全工地范围内劳动力消耗的均衡性，应绘制出全工地劳动力耗用动态图，用以指导单位工程劳动需要量计划。

第六节 施工平面图设计

在施工现场上，除拟建建筑物外，还有各种拟建工程所需的各种临时设施，如混凝土搅拌站、材料堆场及仓库、工地临时办公室及食堂等。为了使现场施工科学有序、安全，必须对施工现场进行合理的平面规划和布置。这种在建筑总平面上布置各种为施工服务的临时设施的现场布置图称为施工平面图。单位工程施工平面图一般按 1∶200～1∶500 比例绘制。

施工平面图是施工方案在现场空间上的体现，反映已建工程和拟建工程之间，以及各种临时建筑、临时设施之间的合理位置关系。现场布置得好，就可以使现场管理得好，为文明施工创造条件；反之，如果现场施工平面布置得不好，施工现场道路不畅通，材料堆放混乱，就会对工程进度、质量、安全、成本产生不良后果。因此，施工平面图设计是施工组织设计中一个很重要的内容。

一、单位工程施工平面图设计内容

① 施工现场内已建和拟建的地上和地下的一切建筑物、构筑物及其他设施。

② 塔式起重机位置、运行轨道，施工电梯或井架位置，混凝土和砂浆搅拌站位置。

③ 测量轴线及定位线标志，测量放线桩及永久水准点位置。

④ 为施工服务的一切临时设施的位置和面积。主要有以下几方面。

a. 场内外的临时道路，可利用的永久道路；

b. 各种材料、构配件、半成品的堆场及仓库；

c. 装配式结构构件制作和拼装地点；

d. 行政、生产、生活用的临时设施，如办公室、加工车间、食堂、宿舍、门卫、围墙等；

e. 临时水电管线；

f. 一切安全和消防设施的位置，如高压线、消防栓的位置等。

当然对不同的施工对象，施工平面图布置也不尽相同。当采用商品混凝土，混凝土的制备可以在场外进行，这样现场的平面布置就显得简单多了。当工程规模大、工期长，各施工过程及各分部分项工程内容差异很大，其施工平面布置也随时间的改变而变动很大，因此施工平面图设计应分阶段进行。

二、施工平面图设计原则

单位工程施工平面图设计应遵循以下原则。

1. 在尽可能的条件下，平面布置力求紧凑，尽量少占施工用地

少占用地，除可以解决城市施工用地紧张外，还有其他重要意义。对于建筑场地而言，减少场内运输距离和缩短管线长度，既有利于现场施工管理，又节省施工成本。通常可以采用一些技术措施，减少施工用地。如合理计算各种材料的储备量，尽量采用商品混凝土施工，有些结构构件可采用随吊随运方案，某些预制构件采用平卧叠浇方案，临时办公用房可采用多层装配式活动房屋。

2. 在保证工程顺利进行的条件下，尽量减少临时设施用量

尽可能利用现有房屋作为临时施工用房；合理安排生产流程；临时通路，使土方调配量最小；必需时可用装配式房屋，水由管网选择应使长度尽量短。

3. 最大限度缩短场内运输距离，减少场内二次搬运

各种主要材料、构配件堆场应布置在塔式起重机有效工作半径范围之内，尽量使各种资源靠近使用地点布置，力求转运次数最少。

4. 临时设施布置，应有利于施工管理和工人的生产生活

如办公室应靠近施工现场，生活福利设施最好与施工区分开，分区明确，避免人流交叉。

5. 施工平面布置要符合劳动保护、技术安全和消防要求

现浇石灰池、沥青锅应布置在生活区的下风处，木工棚、石油沥青卷材仓库也应远离生活区。采取消防措施，易燃易爆物品场所旁应有必要的警示标志。

设计施工平面图除考虑上述基本原则外，还必须结合施工方法、施工进度，设计几个施工平面布置方案，通过对施工用地面积、临时道路和管线长度、临时设施面积和费用等技术经济指标进行比较，择优选择方案。

三、单位工程施工平面图设计依据

单位工程施工平面图设计主要有三个方面的资料。

1. 设计与施工的原始资料

（1）自然条件资料

自然条件资料包括地形资料、地质资料、水文资料、气象资料等，主要用来确定施工排水沟渠、易燃易爆品仓库的位置。

（2）技术经济条件资料

技术经济条件资料包括地方资源情况、水电供应条件、生产和生活基地情况、交通运输条件等，主要用来确定材料仓库、构件和半成品堆场、道路及可以利用的生产和生活的临时设施。

2. 施工图

（1）建筑总平面图

在建筑总平面图上标有已建和拟建建筑物和构筑物的平面位置，根据总平面图和施工条件确定临时建筑物和临时设施的平面位置。

（2）地下、地上管道位置

一切已有或拟建的管道，应在施工中尽可能考虑利用，若对施工有影响，则应采用一定措施予以解决。

（3）土方调配规划及建筑区竖向设计

土方调配规划及建筑区竖向设计资料对土方挖填及土方取舍位置密切相关，它影响到施

工现场的平面关系。

3. 施工方面的资料

(1) 施工方案

施工方案对施工平面布置的要求，应具体体现在施工平面上。如单层工业厂房结构吊装，构件的平面布置、起重机开行路线与施工方案密不可分。

(2) 施工进度计划

根据施工进度计划及由施工进度计划而编制的资源计划，进行现场仓库位置、面积、运输道路的确定。

(3) 由建设单位提供原有房屋及生活设施情况

建设单位提供原有可利用房屋和生活设施对施工现场平面布置有影响、并可降低临时设施费用。

四、单位工程施工平面图设计步骤

单位工程施工平面图设计步骤如下。

1. 熟悉、分析有关资料

熟悉设计图纸、施工方案、施工进度计划；调查分析有关资料，掌握、熟悉现场有关地形、水文、地质条件；在建筑总平面图上进行施工平面图设计。

2. 决定起重机械位置

施工现场的材料运输量很大，起重机械如塔式起重机、履带式起重机、钢井架、龙门架等起重机位置，直接影响到材料仓库及堆场位置，砂浆及混凝土搅拌站及场内运输道路、水电管线布置，因此，应首先考虑起重机位置的确定。

(1) 起重运输机械位置的确定

它的位置直接影响仓库、材料、砂浆和混凝土搅拌站的位置，以及场内运输道路和水电线路的布置等。

① 塔式起重机的布置。塔式起重机的平面位置主要取决于建筑物平面形状和四周场地条件，一般应在场地较宽的一面沿建筑物的长度方向布置，以充分发挥其效率。塔式起重机

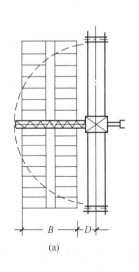
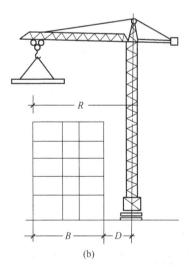

图 5-5　塔式起重机单侧布置示意

沿建筑物长度方向单侧布置的平面和立面如图 5-5 所示。回转半径 R 应满足下式要求，即

$$R \geqslant B+D$$

式中　R——塔式起重机最大回转半径，m；

　　　B——建筑物平面的最大宽度，m；

　　　D——轨道中心线与外墙中心线的距离，m。

塔式起重机工作参数计算简图如图 5-6 所示。

② 复核塔式起重机起重量、回转半径和起重高度三者是否能满足建筑物构件吊装的技术要求，如不能满足，则可以调整公式中的距离 D。

③ 绘出塔式起重机服务范围。以塔式起重机轨道两端有效行驶端点为圆心，以最大回转半径为半径划出两个圆形，再连接两个半圆，即为塔式起重机的服务范围，如图 5-7 所示。

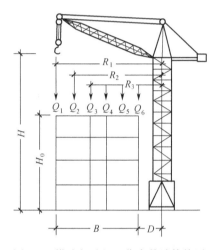

图 5-6　塔式起重机工作参数计算简图

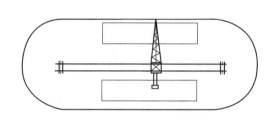

图 5-7　塔式起重机服务范围

塔式起重机布置最佳状况应使建筑物平面均在塔式起重机服务范围内，避免"死角"，建筑物处在塔式起重机范围以外的阴影部分，称为"死角"，如图 5-8 所示。如果难以避免，也应使"死角"越小越好，或使最重、最大、最高的构件不出现在死角内。

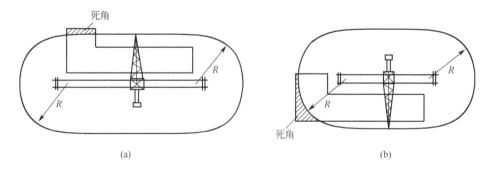

图 5-8　塔式起重机施工的"死角"

（2）井架、龙门架布置

井架的布置位置一般取决于建筑物的平面形状和大小、流水段的划分，建筑物高低层的分界位置等因素。当建筑物呈长条形，层数、高度相同时，一般布置在流水段的分界处。并应布置在现场较宽的一面，因为这一面便于堆放砖和楼板等构件，以达到缩短运距的要求。

井架设置的数量根据垂直运输量的大小，工程进度及组织流水施工要求决定。其台班吊装次数一般为 80～100 次。

井架可装设 1～2 个摇头把杆，把杆长度一般为 6～15m。摇头把杆有一定的活动吊装半径，可以把一部分构件直接安装到设计位置上。布置井架的方位可平行墙面架立，也可以与墙面成 45°角架立。如图 5-9 所示。

井架也可装设两个摇头把杆，分别服务于两个流水段吊装和垂直运输需要。要斜角对称架设，分别各有卷扬机牵引。如图 5-10 所示，图中两个把杆的服务半径根据需要选择，以 r_1、r_2 表示。

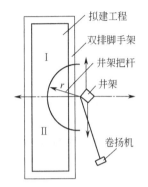
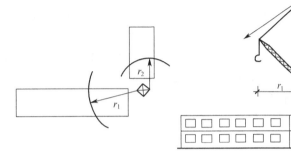

图 5-9　井架布置Ⅰ、Ⅱ表示　　　　　图 5-10　一个井架装两个把杆示意

井架离开建筑外墙距离，视屋面檐口挑出尺寸或双排外脚手架搭设要求决定。把杆与井架的夹角以 45°为最佳，也可以在 60°～30°之间变幅；所以把杆长度（L）与回转半径（r）的关系，可用下列公式表示，如图 5-11 所示。

$$r = L\cos\alpha$$

式中　r——把杆回转半径，m；
　　　L——把杆长度，m；
　　　α——把杆与水平线夹角。

龙门架的布置：龙门架用两根门式立柱及附在立柱上垂直导杆，使用卷扬机将吊篮提升到需要高度，吊篮尺寸较大，可提升材料、构件，龙门架的平面布置与井架基本相同。

3. 选择砂浆、混凝土搅拌站位置

搅拌站位置取决于垂直运输机械。布置搅拌机时，应考虑以下因素。

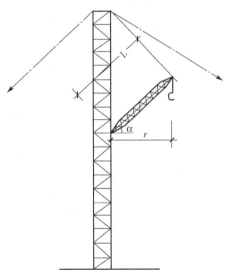

图 5-11　把杆长度与回转半径关系

① 根据施工任务大小和特点，选择适用的搅拌机及数量，然后根据总体要求，将搅拌机布置在使用地点和起重机附近，并与垂直运输机具协调，以提高机械的利用率。

② 搅拌机的位置尽可能布置在运输道路附近，且与场外运输道路相连接，以保证大量的混凝土原材料顺利进场。

③ 搅拌机布置应考虑后台有上料的地方，砂石堆场距离率越近越好，并在附近能布置水泥库。

④ 特大体积混凝土施工时，其搅拌机尽可能靠近使用地点。

⑤ 混凝土搅拌台所需面积 25m²；砂浆搅拌机需 15m² 左右，它们四周应有排水沟，避免现场积水。

4. 确定材料及半成品堆放位置

材料、构件的堆场位置应根据施工阶段、施工部位及使用时间不同，有以下几种布置。

① 建筑物基础和第一层施工所用的材料，应该布置在建筑物周围，并根据基槽（坑）的深度、宽度和边坡坡度确定，与基槽（坑）边缘保持一定距离，以免造成土壁塌方事故。

② 第二层以上材料布置在起重机附近。

③ 砂、石等大宗材料，尽量布置在起重机附近。

④ 多种材料同时布置时，对大宗的、重量大的和先期使用的材料，尽可能靠近使用地点或起重机附近布置；而对少量的、重量小的和后期使用的材料，则可布置得远一些。

⑤ 按不同的施工阶段、使用不同的材料的特点，在同一位置上可先后布置不同的材料。例如，砖混结构基础施工阶段，建筑物周围可堆放毛石；而在主体结构施工阶段，在建筑物周围可堆放标准砖。

⑥ 各种仓库及堆场所需的面积，可根据施工进度，材料供应情况等，确定分批分期进场，并根据下列公式进行计算，即

$$F = \frac{Q}{nqk} \tag{5-12}$$

式中　F——材料堆场或仓库需要面积；
　　　Q——各种材料在现场的总用量；
　　　n——该材料分期分批进场的次数；
　　　q——该材料每平方米储存定额；
　　　k——堆场、仓库面积利用系数。

常用材料仓库或堆场面积计算参考指标见表 5-10。

表 5-10　常用材料仓库或堆场面积计算参考指标

序号	材料、半成品名称	单位	每平方米储存定额(q)	面积利用系数(k)	备　注	库存或堆场
1	水泥	t	1.2～1.5	0.7	堆高 12～15 袋	封闭库存
2	生石灰	t	1.0～1.5	0.8	堆高 1.2～1.7m	棚
3	砂子（人工堆放）	m³	1.0～1.2	0.8	堆高 1.2～1.5m	露天
4	砂子（机械堆放）	m³	2.0～2.5	0.8	堆高 2.4～2.8m	露天
5	石子（人工堆放）	m³	1.0～1.2	0.8	堆高 1.2～1.5m	露天
6	石子（机械堆放）	m³	2.0～2.5	0.8	堆高 2.4～2.8m	露天
7	块石	m³	0.8～1.0	0.7	堆高 1.0～1.2m	露天
8	卷材	卷	45～50	0.7	堆高 2.0m	库
9	木模板	m²	4～6	0.7		露天
10	红砖	千块	0.8～1.2	0.8	堆高 1.2～1.8m	露天
11	泡沫混凝土	m³	1.5～2.0	0.7	堆高 1.5～2.0m	露天

5. 确定场内运输道路

现场主要道路应尽可能利用永久性道路或先做好永久性道路和路基，在土建工程结束前再铺路面。现场道路布置时应注意保证行驶畅通，在有条件的情况下，应布置成环形道路，使运输工具具有回转的可能性，并直接通达材料堆场。道路宽度：单行道一般宽不小于

3.5m，双车道宽度不小于5.5~6m。道路的布置应尽量避开地下管道，以免管线施工时使道路中断。

现场内临时道路的技术要求和路面的种类、厚度见表5-11、表5-12。

表5-11 临时道路技术要求

指 标 名 称	单位	技 术 标 准
设计车速	km/h	≤20
路基宽度	m	双车道6~6.5；单车道4.4~5；困难地段3.5
路面宽度	m	双车道5~5.5；单车道3~3.5
平面曲线最小半径	m	平原、丘陵地区20；山区15；回头弯道12
最大坡度	%	平原地区6；丘陵地区8；山区11
纵坡最短长度	m	平原地区100；山区50
桥面宽度	m	木桥4~4.5
桥涵载重等级	t	木桥涵7.8~10.4（汽-6~汽-8）

表5-12 临时道路路面种类和厚度

路面种类	特点及使用条件	路基土	路面厚度/cm	材料配合比
级配砾石路面	雨天照常通车，可通行较多车辆，但材料级配要求严格	沙质土	10~15	体积比 黏土：砂：石子=1：0.7：3.5 质量比 (1)面层：黏土13%~15%，砂石料85%~87% (2)底层：黏土10%，砂石混合料90%
		黏质土或黄土	14~18	
碎（砾）石路面	雨天照常通车，碎（砾）石本身含土较多	沙质土	10~18	碎（砾）石>65%，当地土含量≤35%
		沙质土或黄土	15~20	
碎砖路面	可维持雨天通车，通行车辆较少	沙质土	13~15	垫层：砂或炉渣4~5cm 底层：7~10cm碎砖 面层：2~5cm碎砖
		黏质土或黄土	15~18	
炉渣或矿渣路面	可维持雨天通车，通行车辆较少，当附近有此项材料可利用时	一般土	10~15	炉渣或矿渣75%，当地土25%
		较松软时	15~30	
砂土路面	雨天停车，通行车辆较少，附近不产石料而只有砂时	沙质土	15~20	粗砂50%，细砂、粉砂和黏质土50%
		黏质土	15~30	
风化石屑路面	雨天不通车，通行车辆较少，附近有石屑可利用时	一般土	10~15	石屑90%，黏土10%
石灰土路面	雨天停车，通行车辆较少，附近产石灰时	一般土	10~13	石灰10%，当地土90%

6. 确定各类临时设施位置

单位工程现场临时设施很少，主要有作业棚、临时加工厂等，所需面积分别见表5-13~表5-16。

临时设施的位置一般考虑使用方便，并符合消防要求；为了减少临时设施费用，临时设施可以沿围墙布置；办公室靠近现场，出入口设门卫。有条件最好将生活区与生产区分开，以免相互干扰。

表 5-13 现场作业棚所需面积参考资料

序号	名称	单位	面积/m²	备注
1	木工作业棚	m²/人	2	占地为建筑面积的2~3倍
2	电锯房	m²	80/40	863~914mm圆锯一台/小圆锯一台
3	钢筋作业棚	m²/人	3	占地为建筑面积的3~4倍
4	搅拌棚	m²/台	10~18	
5	卷扬机棚	m²/台	6~12	
6	烘炉房	m²	30~40	
7	焊工房	m²	20~40	
8	电工房	m²	15	
9	白铁工房	m²	20	
10	油漆工房	m²	20	
11	机、钳工修理房	m²	20	
12	立式锅炉房	m²/台	5~10	
13	发电机房	m²/kW	0.2~0.3	
14	水泵房	m²/台	3~8	
15	空压机房(移动式)	m²/台	18~30	

表 5-14 现场机运站、机修间、停放场所所需面积参考资料

	施工机械名称	所需场地/(m²/台)	存放方式	检修间所需建筑面积	
				内容	数量/m²
起重、土方机械类	塔式起重机	200~300	露天	10~20台设一个检修台位(每增加20台增设一个检修台位)	200(增150)
	履带式起重机	100~125	露天		
	履带式正铲、反铲铲运机,轮胎式起重机	75~100	露天		
	推土机、拖拉机、压路机	25~35	露天		
	汽车式起重机	20~30	露天或室内		
运输机械类	汽车(室内)	20~60	一般情况下室内不小于10%	每20台设一个检修台位(每增加20台增设一个检修台位)	170(增160)
	汽车(室外)	40~60			
	平板拖车	100~150			
其他机械类	搅拌机、卷扬机	4~6	一般情况下室内占30%,露天占70%	每50台设一个检修台位(每增加一个检修台位)	50(增50)
	电焊机、电动机				
	水泵、空压机、油泵等				

表 5-15 临时加工厂所需面积参考资料

序号	加工厂名称	年产量 单位	年产量 数量	单位产量所需建筑面积	占地总面积/m²	备注
1	混凝土搅拌站	m³	3200	0.022(m²/m³)	按砂石堆场考虑	400L搅拌机2台
		m³	4800	0.021(m²/m³)		400L搅拌机3台
		m³	6400	0.020(m²/m³)		400L搅拌机4台
2	临时性混凝土预制厂	m³	1000	0.25(m²/m³)	2000	生产屋面板和中小型梁、柱、板等,配有蒸汽养护设施
		m³	2000	0.20(m²/m³)	3000	
		m³	3000	0.15(m²/m³)	4000	
		m³	5000	0.125(m²/m³)	小于6000	
3	半永久性混凝土预制厂	m³	3000	0.6(m²/m³)	9000~12000	
		m³	5000	0.4(m²/m³)	12000~15000	
		m³	10000	0.3(m²/m³)	15000~20000	

续表

序号	加工厂名称	年产量单位	年产量数量	单位产量所需建筑面积	占地总面积/m²	备注
4	木材加工厂	m³	16000	0.0244(m²/m³)	1800~3600	进行原木、大方加工
		m³	24000	0.0199(m²/m³)	2200~4800	
		m³	30000	0.0181(m²/m³)	3000~5500	
	综合木工加工厂	m³	200	0.30(m²/m³)	180	加工门窗、模板、地板、屋架等
		m³	600	0.25(m²/m³)	200	
		m³	1000	0.20(m²/m³)	300	
		m³	2000	0.15(m²/m³)	420	
	粗木加工厂	m³	5000	0.12(m²/m³)	1350	加工模板、屋架等
		m³	10000	0.12(m²/m³)	2500	
		m³	15000	0.09(m²/m³)	3750	
		m³	20000	0.08(m²/m³)	4800	
	细木加工厂	m³	5	0.140(m²/m³)	7000	加工门窗、地板等
		m³	10	0.0114(m²/m³)	10000	
		m³	15	0.0106(m²/m³)	14300	
5	钢筋加工厂	t	200	0.35(m²/t)	280~560	
		t	500	0.25(m²/t)	380~750	
		t	1000	0.20(m²/t)	400~800	
		t	2000	0.15(m²/t)	450~900	
	钢筋拉直或冷拉拉直场	所需场地(长×宽)(70~80)×(3~4)(m²)				包括材料及成品堆放
	卷扬机棚	所需场地(长×宽)15~20(m²)				3~5t电动卷扬机一台
	冷拉场	所需场地(长×宽)(40~60)×(3~4)(m²)				包括材料及成品堆放
	时效场	所需场地(长×宽)(30~40)×(6~8)(m²)				包括材料及成品堆放
	钢筋对焊 对焊场地	所需场地(长×宽)(3~40)×(4~5)(m²)				包括材料及成品堆放
	对焊棚	所需场地(长×宽)152~4(m²)①				寒冷地区应当增加
	钢筋冷加工 冷拔、冷轧机	所需场地40~50(m²/台)				
	剪断机	所需场地30~50(m²/台)				
	弯曲机12mm以下	所需场地50~60(m²/台)				
	弯曲机40mm以下	所需场地60~70(m²/台)				
6	金属结构加工(包括一般铁件)	年产500t 所需场地为10(m²/t)				按一批加工数量计算
		年产1000t 所需场地为8(m²/t)				
		年产2000t 所需场地为6(m²/t)				
		年产3000t 所需场地为5(m²/t)				
7	石灰消化	5×3=15(m²)				每两个储灰池配一套淋灰池和淋灰槽
		4×3=12(m²)				
		3×2=6(m²)				
8	沥青锅场地	20~24(m²)				台班产量1~1.5

表 5-16 行政、生活、福利、临时设施建筑面积参考资料 单位：m²/人

名称		指标使用方法	参考指标
办公室		按使用人数	3~4
宿舍	单层通铺	按高峰年平均人数	2.5~3.0
	双层床	扣除不在工地居住人数	2.0~2.5
	单层床	扣除不在工地居住人数	3.5~4.0
家属宿舍		按高峰年平均人数	16~25

续表

名　称		指标使用方法	参考指标
	食堂	按高峰年平均人数	0.5～0.8
	食堂兼礼堂	按高峰年平均人数	0.6～0.9
其他	医务所	按高峰年平均人数	0.05～0.07
	浴室	按高峰年平均人数	0.07～0.1
	理发室	按高峰年平均人数	0.01～0.03
	俱乐部	按高峰年平均人数	0.1
	小卖部	按高峰年平均人数	0.03
	招待所	按高峰年平均人数	0.06
	托儿所	按高峰年平均人数	0.03～0.06
	子弟学校	按高峰年平均人数	0.06～0.08
	其他公用	按高峰年平均人数	0.05～0.1
	小型开水房	按高峰年平均人数	10～40
	厕所	按工地平均人数	0.02～0.07
	休息室	按工地平均人数	0.15

施工的临时用水包括生产用水、生活用水和消防用水，管网布置分为环状布置、枝状布置和混合布置三种，一般由建筑单位的干管或自行布置的干管接到用水地点。最好采用生活用水，应环绕建筑物布置，不留死角，并力求管用总长最短。管径大小和龙头数目的设置需视工程规模大小通过计算而定，管道可以埋于地下，也可以敷设在地面上，以当时当地的气候条件和使用期限而定。工地内设置的消火栓距建筑物不小于5m，也不应大于25m，距离路边不大于2m。施工时，为防止停水，可在建筑物附近设简单的蓄水池，储存一定的生产和消防用水，若水压不足，还需设置高压水泵。

临时用电包括生产用电和生活用电。设计计算包括用电量计算、电源选择、电力系统选择与配置。用电量计算包括生产用电及室内外照明用电计算、选择变压器、确定导线的截面及类型。尽量利用原有的高压电网及已有变压器，变压器应设在场地边缘高压电线接入处；变压器离地面距离应大于3m，在四周2m外用高于1.7m钢丝网围护以保证其安全；变压器不得设在交通要道口处。线路应架设在道路一侧，距建筑物应大于1.5m，垂直距离应在2m以上，电杆间距一般为25～40m，分支线及引入线均由杆上横担处连接。线路应布置在起重机械的回转半径之外。供电线路跨过材料、构件堆场时，应有足够的安全架空距离。各种用电设备的闸刀开关应单机单闸，不允许一闸多机使用，闸刀开关的安装位置应便于操作。

总之，建筑施工是一个多变复杂的生产过程，各种施工机械、材料、构件等是随着工程的进展而逐渐进场的，而且又随着工程的进展而逐渐变动、消耗。因此，在整个施工过程中，它们在工地的布置情况随时在改变。为此，对于大型工程或场地狭小的工程，可以根据不同的施工阶段设计几张施工平面图，以便把不同施工阶段的合理布置生动地反映出来。在设计不同阶段施工平面图时，对整个施工期间的临时设施、道路、水电管线，不要轻易变动，以节省费用。设计施工平面图时，还应广泛征求各专业施工单位的意见，充分协商，以达到最佳设计。

五、单位工程施工平面图评价指标

1. 施工用地面积及施工占地系数

$$施工占地系数 = \frac{施工占地面积（m^2）}{建筑面积（m^2）} \times 100\% \tag{5-13}$$

2. 施工场地利用率

$$施工场地利用率 = \frac{施工设施占地面积（m^2）}{施工用地面积（m^2）} \times 100\% \tag{5-14}$$

3. 临时设施投资率

$$临时设施投资率 = \frac{临时设施费用率总和（元）}{工程造价（元）} \times 100\% \tag{5-15}$$

临时设施投资率用于临时设施包干费支出情况。

第七节 主要技术组织措施

技术组织措施是指在技术和组织方面对保证工程质量、安全、节约和文明施工所采用的方法。制定这些方法是施工组织设计编制者带有创造性的工作。

一、工艺技术措施

对采用新结构、新工艺、新材料的项目，或比较复杂的分部工程，应单独编制施工技术措施，其内容包括：施工方法的特殊要求和工艺流程；技术要求和质量安全注意事项；材料、构件和施工机具的特点、使用方法和需要量。

二、保证工程质量措施

保证工程质量的关键是施工组织设计的工程对象经常发生的质量通病制定防治措施，可以按照各主要分部分项工程提出的质量要求，也可以按照各工种工程提出的质量要求。保证工程质量的措施可以从以下各方面考虑。

① 保证拟建工程定位、放线、轴线尺寸、标高测量等准确无误的措施；
② 为了确保地基土壤承载能力符合设计规定的要求而应采取的有关技术组织措施；
③ 各种基础、地下防水施工的质量措施；
④ 确保主体承重结构各主要施工过程的质量要求；各种预制承重构件检查验收的措施；
⑤ 各种材料、半成品、砂浆、混凝土等检验及使用要求；
⑥ 对新结构、新工艺、新材料、新技术的施工操作提出质量措施或要求；
⑦ 工期施工的质量措施；
⑧ 屋面防水施工、各种抹灰及装饰操作中，确保施工质量的技术措施；
⑨ 解决质量通病措施；
⑩ 执行施工质量的检查、验收制度；
⑪ 提出各分部工程的质量评定的目标计划等。

三、安全施工措施

安全施工措施应贯彻安全操作规程，对施工中可能发生的安全问题进行预测，有针对性地提出预防措施，以杜绝施工中伤亡事故的发生。安全施工措施主要包括以下几方面。

① 提出安全施工宣传、教育的具体措施；对新工人进场上岗前必须作安全教育及安全操作的培训；
② 针对拟建工程地形、环境、自然气候、气象等情况，提出可能突然发生自然灾害时有关施工安全方面的若干措施及其具体的办法，以便减少损失，避免伤亡；

③ 提出易燃、易爆品严格管理及使用的安全技术措施；

④ 防火消防措施；高温、有毒、有尘、有害气体环境下操作人员的安全要求和措施；

⑤ 土方、深坑施工，高空、高架操作，结构吊装，上下垂直平行施工时的安全要求和措施；

⑥ 各种机械、机具安全操作要求；交通、车辆的安全管理；

⑦ 各处电器设备的安全管理及安全使用措施；

⑧ 狂风、暴雨、雷电等各种不可抗力发生前后的安全检查措施及安全维护制度。

四、降低成本措施

降低成本措施的制定应以施工预算为尺度，以企业（或基层施工单位）年度、季度降低成本计划和技术组织措施计划为依据进行编制。要针对工程中降低成本潜力大的（工程量大、有采取措施的可能性及有条件的）项目，充分开动脑筋，把措施提出来，并计算出经济效益和指标，加以评价、决策。这些措施必须是不影响质量且能保证安全的，它应考虑以下几方面。

① 采用新技术，节约材料和工日，如采用悬挑脚手架替代常规脚手架；

② 采用混凝土及砂浆加掺合剂、外加剂以节约材料；

③ 采用先进的钢筋连接技术，以确保质量，如采用直螺纹滚丝连接技术；

④ 合理进行土方平衡，以节约土方运费；

⑤ 保证工程质量，减少返工损失；

⑥ 保证安全生产，减少事故频率，避免意外工伤事故带来的损失；

⑦ 提高机械利用率，减少机械费用的开支；

⑧ 增收节支，减少施工管理费的支出；

⑨ 工程建设提前完工，以节省各项费用开支。

降低成本措施应包括节约劳动力、材料费、机械设备费用、工具费、间接费及临时设施费等措施。一定要正确处理降低成本、提高质量和缩短工期三者的关系，对措施要计算经济效果。

五、现场文明施工措施

现场场容管理措施主要包括以下几个方面。

① 施工现场的围挡与标牌，出入口与交通安全，道路畅通，场地平整；

② 暂设工程的规划与搭设，办公室、更衣室、食堂、厕所的安排与环境卫生；

③ 各种材料、半成品、构件的堆放与管理；

④ 散碎材料、施工垃圾运输，以及其他各种环境污染，如搅拌机冲洗废水、油漆废液、灰浆水等施工废水污染，运输土方与垃圾、白灰堆放、散装材料运输等粉尘污染，熬制沥青、熟石灰等废气污染，打桩、搅拌混凝土、振捣混凝土等噪声污染；

⑤ 成品保护；

⑥ 施工机械保养与安全使用；

⑦ 安全与消防。

六、施工组织设计技术经济分析

1. 技术经济分析的目的

技术经济分析的目的是：论证施工组织设计在技术上是否先进，经济上是否合理。通过计算、分析比较，选择技术经济效果最佳的方案，为不断改进施工组织设计提供信息，为施工企业提高经济效益、加强企业竞争能力提供途径。技术经济分析既是施工组织设计的内容之一,也是必要的设计手段,对不断提高建筑业技术、组织和管理水平,提高基本建设投资效益是大有好处的。

2. 技术经济分析的基本要求

① 对施工技术方法、组织手段和经济效果进行分析,对施工具体环节及全过程进行分析。

② 做技术经济分析时应重点抓住"一案"、"一图"、"一表"三大重点,即施工方案、施工平面图、施工进度表,并以此建立技术经济分析指标体系。

③ 在做技术经济分析时,要灵活运用定性方法和有针对性的定量方法。在做定量分析时,应针对主要指标、辅助指标和综合指标区别对待。

④ 技术经济分析应以设计方案的要求,有关国家规定及工程实际需要情况为依据。

3. 施工组织设计技术经济分析的重点

技术经济分析应围绕质量、工期、成本三个主要方面。选择方案的原则是在保证质量的前提下,使工期合理、费用最少、效益最好。

对于单位工程施工组织设计,不同的设计内容应有不同的技术经济分析的重点。

① 基础工程以土方工程、现浇钢筋混凝土施工、打桩、排水和降水、土坡支护为重点。

② 结构以垂直运输机械选择,划分流水施工段组织流水施工,现浇钢筋混凝土结构中三大工种工程(钢筋工程、模板工程和混凝土工程),脚手架选用,特殊分项工程的施工技术措施及各项组织措施为重点。

③ 装饰阶段应以安排合理的施工顺序,保证工程质量,组织流水施工,节省材料,缩短工期为重点。

单位工程施工组织设计的技术经济分析的重点是:工期、质量、成本、劳动力安排、场地占用、临时设施、节约材料、新技术、新设备、新材料、新工艺的采用。

4. 施工组织设计技术经济分析指标

① 总工期,是指从破土动工至竣工的全部日历天数。

② 单方用工量,它反映劳动力的消耗水平,不同建筑物单方用工量之间有可比性。

③ 质量优良品率,是施工组织设计中控制的主要目标之一,主要通过质量保证措施来实现。

④ 主要材料节约指标

a. 主要材料节约量

$$主要材料节约量 = 预算用量 - 计划用量 \qquad (5-16)$$

b. 主要材料节约率

$$主要材料节约率 = \frac{主要材料节约量}{主要材料预算量} \qquad (5-17)$$

⑤ 大型机械台班数及费用

a. 大型机械单方耗用量

$$大型机械单方耗用量 = \frac{耗用总台班(台班)}{建筑面积(m^2)} \qquad (5-18)$$

b. 单方大型机械费

$$单方大型机械费 = \frac{计划大型机械费}{建筑面积} \times 100\% \qquad (5-19)$$

⑥ 降低成本指标

a. 降低成本额

$$降低成本额 = 预算成本 - 计划成本 \tag{5-20}$$

b. 降低成本率

$$降低成本率 = \frac{降低成本额}{预算成本额} \times 100\% \tag{5-21}$$

复习思考题

1. 简述单位工程施工组织设计编制的依据。
2. 单位工程施工组织设计包括哪些内容？它们之间的关系如何？
3. 施工方案设计有哪些内容？
4. 如何确定施工起点流向和施工顺序？
5. 简述单位工程施工进度计划编制的依据和步骤。
6. 施工进度计划表达方式有哪些？试述其优缺点。
7. 简述单位工程施工平面图作用和内容。
8. 简述单位工程施工平面图设计的原则。
9. 如何进行施工方案的技术经济评价？
10. 施工组织设计技术经济分析的目的与基本要求是什么？
11. 试述技术组织措施的主要内容。
12. 试述多层砌体结构民用建筑及框架结构的施工顺序。
13. 试述装配式单层工业厂房的施工顺序。

第六章　单位工程施工组织设计实例

第一节　砖混结构宿舍工程施工组织设计

一、工程概况

1. 工程特点

本工程为××大学教工宿舍楼。由八层四单元组成的砖混结构，长 55.44m，宽 14.04m，建筑面积为 5612m²，层高 3m，室内外地坪高差 0.75m，室内±0.00 相对于绝对高程 34.50m，工程总造价 350 万元。其单元平面图、剖面图如图 6-1 所示。

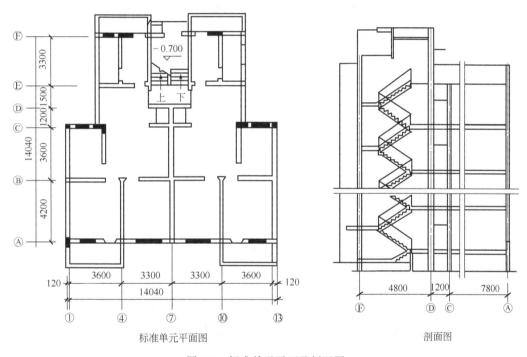

图 6-1　标准单元平面及剖面图

本工程按初装修标准考虑，楼地面均为水泥砂浆地面，洗涤间和厕所为 1.8m 水泥砂浆墙裙，其他内墙面及天棚为混合砂浆，外墙面 JZ-C 保温浆料，再刷真石漆，屋面为 SBS 卷材防水，上做 40mm 厚 C20 细石混凝土刚性防水上人屋面。

本工程为八层、七度抗震设防，砖混结构。其基础埋深－3.00m，为钢筋混凝土带形基础；主体结构为 240mm 砖墙承重，一、二层为 M10 混合砂浆砌 MU20 页岩砖，三层至八层为 M5.0 混合砂浆砌 MU10 机制红砖，层层设置圈梁，内外墙交接处及外墙转角处均设构造柱；楼面和屋面均为现浇钢筋混凝土；窗为塑钢窗，6+12A+6 中空玻璃。

2. 地点特征

本工程属校内建筑，位于教师生活区内，西面、北面均为已建永久性宿舍，东面濒临围墙,南面距本工程 25~40m 为福利活动中心。

本工程地基土为黏土层,地基承载力为 $300kN/m^2$,地下水位约 -3.5m。

3. 施工条件

本工程现场"三通一平"工作已由建设单位完成;施工用水、用电均可从施工现场附近引出;建筑施工材料、构件均可以从现有校内道路运入;全部预制构件均可在附近预制厂制作,运距约 15km。其合同工期为 220 天,从 2001 年 3 月 1 日开工,至 2001 年 10 月 5 日竣工。

该地区三月份平均气温约 20℃,以后逐月上升,七、八月份为夏季高温,最高气温约 39℃,四月中旬开始为雨季,施工期内估计有 20 天左右雨天;主导风为偏北风,最大风力为六级。

二、施工方案和施工方法

1. 施工方案

(1) 施工顺序

本工程为砖混结构,其总体施工顺序为:基础工程→主体结构工程→屋面及室内外装修工程。其中水电等安装工程配合进行。

(2) 施工流向

① 基础工程按两个单元为一段,分东西两段流水,自西向东流向,如图 6-2 所示。各施工过程流水节拍为 4 天。

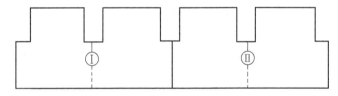

图 6-2 施工段的划分

② 主体结构工程每层按两个单元为一段(见图 6-2),八层共 16 个流水段。每段砌墙流水节拍为 5 天;现浇混凝土(圈梁、梁、板、柱及楼梯)为 3~4 天;铺板为 1 天。

③ 屋面工程不分段,整体施工。

④ 外墙保温及室外装修自上而下,每层楼按 3 天控制;室内装修按两个单元为一段,如图 6-2 所示,采用水平向下的施工流向,共 16 段流水,每段按 3 天控制,其他各过程 1 天一段。

⑤ 水电安装工程按土建施工进度要求配合施工。

2. 施工方法

(1) 基础工程

基础工程包括挖土、浇筑混凝土垫层、浇筑钢筋混凝土带形基础、砌砖基础、回填土五个施工过程。

本工程采用人工挖土,放坡按 1:0.75 考虑。为节约垫层及钢筋混凝土带形基础支模,减少土方,其混凝土采用原槽浇捣。砌砖基础时,应立皮数杆,严格控制窗台、门窗上口等竖向标高。基槽土方回填采用两边对称回填,土方回填至较设计室外地坪面高出 0.15m 处。多余土方量在开挖时用双轮手推车运至西南面约 150m 低洼处。

(2) 主体结构工程

主体结构工程主要包括绑扎构造柱钢筋，砌墙，支模，绑扎圈梁、梁、板钢筋，现浇混凝土，铺楼板等主要工序。其中砌砖墙为主导施工工序，其他工序均按相应工程量配备劳动力，在5天内完成，保证瓦工连续施工。

本工程垂直运输采用两台井架运输设备，外墙脚手架采用钢管扣件双排脚手架，内墙采用平台式脚手架。砌筑墙体采用"三一"砌法，立皮数杆，严格控制窗台、门窗上口高度，纵横墙同时砌筑；不能同时砌筑时，一律留踏步搓，不准留直搓。现浇混凝土采用钢模板，钢管支撑。

(3) 屋面工程

屋面工程包括1：12水泥膨胀珍珠岩保温隔热层，1：3水泥砂浆找平层，SBS卷材防水层及40mm厚C20细石混凝土刚性上人屋面。

屋面水箱及女儿墙完成后，在屋面板上做1：12水泥膨胀珍珠岩找坡保温隔热层，坡度为2纬，最薄处40mm厚。再做15mm厚1：3水泥砂浆找平层。

待找平层含水率降至15%以下时，再在上面做SBS卷材防水层。铺贴时，应沿屋面长度方向铺贴，雨水口等部位先贴附加层。

做40mm厚C20细石混凝土刚性上人屋面时，注意沿分仓缝处将拟钢筋网剪断，分仓缝留成20mm×40mm分格缝；要求木条泡水预埋，待混凝土初凝后取出，缝内嵌填热沥青油膏。由于做刚性屋面时正值夏季，气温较高，应在细石混凝土浇筑8h内进行屋面灌水养护。

(4) 室内外装修及外墙保温工程

室外装修主要包括基层处理、门窗安装、保温层施工、外墙真实漆、落水管、散水等。室内装修主要包括安装门窗框扇、楼地面、墙面、天棚及刷白、门窗玻璃油漆等。

本工程装修采用两台井架作为垂直运输工具，水平运输采用双轮手推车。由于本方案内外装修均采用自上而下的流向施工，考虑抹灰工的劳动力因素，决定组织先内墙抹灰，后外墙抹灰施工，室内先地面后墙面的施工方法。抹灰砂浆从每层单元南面阳台运入，待内墙面抹灰完成后，封砌阳台半砖拦板墙，支扶手模板、绑扎钢筋、浇筑混凝土并做外装修。外装修利用砌筑时双排钢管外脚手架，按自上而下的流向施工。

外墙保温主要包括外墙保温的施工顺序一般为：基层处理、外墙保温、抗裂砂浆、耐碱网格布、抗裂砂浆。施工过程中注意热桥部位的处理，特别要注意门窗框四周及阳台部位的处理。

(5) 水电安装工程

水电安装工程要求由水电安装队负责，与土建密切配合进行施工。

三、施工进度计划

施工进度计划见表6-1。

四、劳动力、施工机具、主要建筑材料需要量计划

本工程劳动力、施工机具、主要建筑材料需要量计划分别见表6-2～表6-4。

五、施工平面图

本工程施工现场平面图如图6-3所示。

六、质量和安全措施

1. 质量措施

① 施工前，认真做好技术交底。各分项工程均应严格执行施工及验收规范。

表 6-1　××大学教工宿舍楼施工进度计划

序号	分部分项工程名称	工程量 单位	工程量 数量	时间定额	劳动量	工作延续天数	每天工作班数	每班工人数
一	基础工程							
1	人工挖地槽	m³	1300	0.30	390	8	1	48
2	混凝土垫层	m³	54	1.30	70	2	1	35
3	钢筋混凝土垫基	m³	170	1.60	272	8	1	34
4	砌砖基础	m³	250	1.26	315	8	1	39
5	回填土	m³	550	0.22	121	8	1	15
二	主体工程							
6	砌砖墙	m³	2200	1.70	3740	80	1	47
7	现浇梁板柱楼梯	m³	850	4.56	3876	64	1	60
8	铺楼板	m³	264	2.00	528	16	1	33
三	屋面工程							
9	保温隔热层	m³	86	0.93	80	3	1	27
10	找平层	m²	690	0.11	76	3	1	25
11	三布三油防水层	m²	690	0.21	176	8	1	22
12	找平层	m²	690	0.11	76	3	1	25
13	砌石混凝土刚性屋	m²	690	0.17	117	3	1	39
四	装修工程							
14	门窗安装	m²	230	0.10	230	16	1	14
15	楼地面	m²	4800	0.16	768	16	1	48
16	内墙装修	m²	8100	0.18	3780	48	1	78
17	外墙裱糊及装修	m²	6800	0.28	1920	24	1	80
18	玻璃装修					16	1	
19	室外散水等					6	1	
五	水电安装							
六	竣工验收					2		

表 6-2 劳动力需要量计划

项次	工种	所需工日	各月所需工日数						
			三月	四月	五月	六月	七月	八月	九月
1	普工	390	390						
2	木工	2150	280	740	740	390			
3	钢筋工	420	78	144	144	54			
4	混凝土工	1306	243	448	448	167			
5	瓦工	3740	611	1410	1410	309			
6	抹灰工	7136				632	3238	2624	642
7	架子工	241	32	65	65	42	16	16	5

表 6-3 施工机具需要量计划

项次	机具名称	规格	单位	数量	备注
1	卷扬机	JJM3	台	2	
2	混凝土搅拌机	JG250	台	1	
3	砂浆搅拌机	BJ-200	台	1	
4	打夯机	HW-01	台	1	
5	平板振动机	PZ-50	台	1	
6	插入式振动器	HZ6-70	台	2	
7	钢筋切断机	GJ5-40	台	1	
8	钢筋成型机	GJ7-45	台	1	
9	电焊机	BX1-330	台	1	
10	圆锯	MJ109	台	1	

表 6-4 主要建筑材料需要量计划

项次	建筑材料名称	单位	数量	备注
1	水泥	t	1022	
2	沙子	m^3	2256	
3	石子	m^3	1160	
4	钢筋	t	114	
5	木材	m^3	220	
6	页岩砖	千块	325	
7	红砖	千块	924	××页岩砖厂
8	石灰青	m^3	135	
9	珍珠岩	m^3	114	
10	石油沥青	t	5.40	
11	建筑油漆	t	2.80	
12	平板玻璃	m^2	980	
13	白水泥	t	3.50	
14	白矾石	t	86	

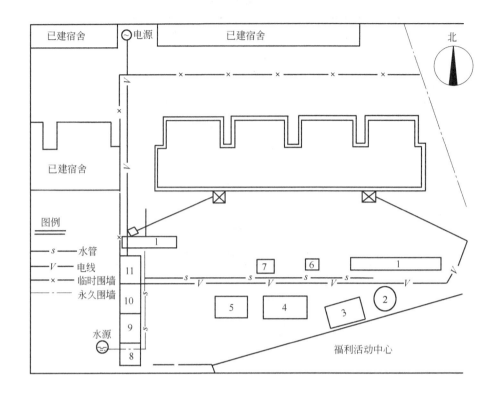

图 6-3 施工现场平面图
1—砖堆场；2—灰池；3—水泥库；4—砂堆场；5—石子堆场；6—砂浆机；
7—混凝土搅拌机；8—门卫；9—工具库；10—休息间；11—办公室

② 严格执行各项质量检验制度。施工时，在各施工班组自检、互检、交接检查的基础上，分层分段验收评定质量等级，及时办理各种隐蔽工程验收手续。

③ 严格执行原材料检验及试配制度。所有进场材料、构件、成品及半成品应有合格证，并进行必要的抽查检验、试配。

④ 砖砌体采用"三一"砌墙法，施工时严格按操作方法和要求进行，必要时派专人指导。

⑤ 做好成品的保护工作。

⑥ 实行全面质量管理，开展 QC 小组活动，专业工种严格执行上岗证制度。

2. 安全及文明施工措施

① 指派生产任务的同时必须进行必要的安全交底。各工种操作人员必须严格执行安全操作规程。

② 高空作业时，外脚手架应设安全网，进入施工现场必须戴安全帽。

③ 现场用电设备应安装漏电保护设施，加强管理及检查工作。

④ 机械设备要有专职人员管理及操作。

⑤ 工地应设置专职安全检查员。

⑥ 配合校方做好现场文明施工。本工程位于教师生活区，必须做好施工场地内外环境卫生及噪声污染工作。主要道路派专人清扫，夜间施工不宜超过 22 时。

第二节　框架结构工程施工组织设计

一、工程概况

本工程是集现代管理和先进技术装备于一体的智能型建筑，位于省府所在地。

1. 工程设计情况

本工程由主楼和辅房两部分组成，建筑面积 $13779m^2$，投资约 5000 多万元。主楼为 9 层、11 层，局部 12 层。坐北朝南，南侧有突出的门厅；东侧辅房是 3 层的沿街餐厅、轿车库和门卫用房，与主楼垂直衔接；主楼地下室是人防、500t 水池和机房；广场下是地下车库；北面是消防通道；南面是 7m 宽的规划道路及主要出入口。室内±0.000 相当于黄海高程 4.70m。现场地面平均高程约 3.70m。主楼是 7 度抗震设防的框架—剪力墙结构，柱网分为 $7.2m×5.4m$，$7.2m×5.7m$ 两种；$\phi 800mm$，$\phi 1100mm$，$\phi 1200mm$ 大孔径钻孔灌注桩基础，混凝土强度等级 C25；地下室底板厚 600mm，外围墙厚 400mm，层高有 3.45m 和 4.05m；一层层高有 2.10m、2.60m、3.50m。标准层层高 3.30m，十一层层高 5.00m；外墙围护结构采用混凝土小型砌块填充，内墙用轻质泰柏板分隔；楼面、屋面板除现浇混凝土外，其余均采用预应力薄板上现浇厚度不同的钢筋混凝土的叠合板。辅房采用 $\phi 500mm$ 水泥搅拌桩复合地基，于主楼衔接处，设宽 150mm 沉降缝。

设备情况：给排水、消防、电气均按一类高层建筑设计，水源采用了市政和省府行政二路供水，两个消防给水系统，大楼采用顶喷、侧喷和地下室满堂喷方式的自动喷淋系统；双向电源供电，配变电所设在主楼底层；冷暖两用中央空调；接地、防雷利用基础主筋并与大楼接地系统融为一体。

室外管线：水源从东北和西南角，分别从市政给水管和省府行政供水管接入，同雨水管一样绕建筑四周埋设。污水管经化粪池沿北侧东西向敷设。雨水、污水均在东北角引入市政管道网。

2. 工程特点

① 本工程选用了大量轻质、高强度、性能好的新型材料，装饰上粗犷、大方和细腻相结合的手法恰到好处，表现了不同的质感和风韵。

② 地基处于含水量大、力学性能差的淤泥质黏土层，且下卧持力层较深；基坑的支护处于淤泥质黏土层中，这将使基坑支护的难度和费用增加，加上地下室的占地面积大、范围广，导致施工场地狭窄，难以展开施工。

③ 主要实物量：钻孔灌注桩 $2521m^3$，水泥搅拌桩 $192m^3$，围护设施 250m，防水混凝土 $1928m^3$，现浇混凝土 $3662m^3$，屋面 $1706m^2$，叠合板 $12164m^2$，门窗 $1571m^2$，填充墙 $10259m^2$，吊顶 $3018m^2$，楼、地面 $16220m^2$。

3. 施工条件分析

（1）施工工期目标

合同工期 580 天，比国家定额工期（900 天）提前 35.6% 交付使用。

（2）施工质量目标

确保市级优质工程，争创优质工程。

（3）施工力量及施工机械配置

本工程属于省重点工程，它的外形及内部结构复杂，技术要求高，工期紧。因此，如何使人、材、机在时间和空间上得到合理安排,以达到保质、保量、安全、如期地完成施工任务,是这个工程施工的难点,为此,采取以下措施。

① 公司成立重点工程领导小组,由分公司经理任组长,每星期召开一次生产调度会,及时解决进度、资金、质量、技术、安全等问题。

② 实行项目法施工,从工区抽调强有力的技术骨干组成项目管理班子和施工班组。

a. 项目管理班子主要成员名单见表 6-5。

表 6-5 项目管理班子主要成员名单

岗 位	姓 名	职 称	岗 位	姓 名	职 称
项目经理	××	工程师	质安员	××	工程师
技术负责人	××	高级工程师	材料员	××	助理工程师
土建施工员	××	工程师	暖通施工员	××	工程师
水电施工员	××	高级工程师			

b. 劳动力配置详见劳动力计划表(见表 6-6)。

表 6-6 劳动力计划表

专业工种	基 础		主 体		装 修	
	人数	班组	人数	班组	人数	班组
木工	43	2	77	4	20	1
钢筋工	24	1	40	2		
混凝土工	37	2	55	2		
瓦工					24	1
抹灰工					56	3
架子工	4	1	12	1		
土建电工	2	1	4	1	2	
油漆工					18	1
其他	3	1	6		3	
小计	113		194		123	

注:表中砌体工程列入装修。

分公司保证基本人员 100 人,各个技术岗位关键班组均派本公司人员负责,其余劳动力从江西和四川调集,劳务合同已经签订。

c. 做好施工准备以便早日开工。

二、施工方案

1. 总体安排

本工程是一项综合性强、功能多,建筑装饰和设备安装要求较高,按一类建筑设计的项目。因此承担此项任务时,调配了一批年富力强、经验丰富的施工管理人员组成现场管理班子,周密计划、科学安排、严格管理、精心组织施工,安排好各专业、各工种的配合和交叉流水作业;同时组织一批操作技能熟练、素质高的专业技术工人,发扬求实、创新、团结、拼搏的企业精神,公司优先调配施工机械器具,积极引进新技术、新装备和新工艺,以满足施工需要。

2. 施工顺序

本工程施工场地狭窄，地基上还残留着老基础及其他障碍物，因此应及时清除，并插入基坑支护及塔吊基础处理的加固措施，积极拓宽工作面，以减少窝工和返工损失，从而加快工程进度，缩短工期。

(1) 施工阶段的划分

工程分为基础、主体、装修、设备安装和调试工程四个阶段。

(2) 施工段的划分

基础、主楼主体工程分两段施工，辅房单列不分段。

3. 主要项目施工顺序、方法及措施

(1) 钻孔灌注桩

本工程地下水位高，在地表以下 0.15~1.19m 之间，大都在地表下 0.60m 左右。地表以下除 2m 左右的填土和 1~2m 的粉质粉土外，以下均为淤泥质土，天然含水量大，持力层设在风化的凝灰岩上。选用 GZQ-800 和 GZQ-1250 两种潜水电钻成孔机，泥浆护壁，按从左至右的顺序进行。

① 工艺流程　定桩位→挖桩坑埋设护套→钻机就位→钻头对准桩心地面→空转→钻入土中泥浆护壁成孔→清孔→钢筋笼→下导管→二次清孔→灌筑水下混凝土→水中养护成桩清理桩头。

现场机械搅拌混凝土，骨料最大粒径 4cm，强度等级 C25，掺用减水剂，坍落度控制在 18cm 左右，钢筋笼用液压式吊机从组装台分段吊运至桩位，先将下段挂在孔内，吊高第二段进行焊接，逐段焊接逐段放下，混凝土用机动翻斗车或吊机吊运至灌注桩位，以加快施工速度。浇筑高度控制在 -3.4m 左右，保证凿除浮浆后，满足桩顶标高和质量要求，同时减少凿桩量和混凝土的消耗。

② 主要技术措施

a. 笼式钻头进入凝灰岩持力层深度不小于 500mm，对于淤泥质土层最大钻进速度不超过 1m/min；

b. 严格控制桩孔、钢筋笼的垂直度和混凝土浇筑高度；

c. 混凝土连续浇筑，严禁导管底端提出混凝土面，浇筑完毕后封闭桩孔；

d. 成孔过程中勤测泥浆相对密度，泥浆相对密度保持在 1.15 左右；

e. 当发现缩颈、坍孔或钻孔倾斜时，采取相应的有效纠偏措施；

f. 按规定或建设单位、设计单位意见进行静载和动载测试试验。

(2) 土方开挖

① 基坑支护　基坑支护采用水泥搅拌桩、深 7.5m，两桩搭接 10cm，沿基坑外围封闭布置。

② 施工段划分及挖土方法　地下室土方开挖，采用 Wi-100 型反铲挖土机与人工整修相结合的方法进行。根据弃土场地的距离组织相应数量的自卸式汽车外运。

③ 排水措施　基底集水坑，挖至开挖标高以下 1.2m，四周用水泥砂浆和砖砌筑，采用潜水泵抽水，经橡胶水管引入市政雨水井内，疏通四周地面水沟，排水引入雨水井内，避免地表水流入基坑。

④ 其他事项　机械挖土容易损坏桩体和外露钢筋，开挖时事先做好桩位标志，采用小斗开挖，并留 40cm 的浮土，用人工整修至开挖深度。汽车在松土上行驶时，应事先铺

30cm 以上石渣。

(3) 地下室防水混凝土

① 地基土　地下室筏板基础下卧在淤泥质黏土层上，天然含水量为 29.6%，承载力 140kPa，地下水位高。

② 设计概况　筏板基础分为两大块，一块是车库部分，面积 1115m²，另一块 1308m²，为水池、泵房、进风、排烟机房，板厚 600mm。两块底板之间设沉降缝彼此隔开。地下室外墙厚 350～400mm，内墙厚 300～350mm，兼有承重，围护抵御土主动压力和抗渗的功能。

③ 防水混凝土的施工

a. 施工顺序及施工缝位置的确定。按平面布置特点分为两个施工段，每一施工段的筏板基础连续施工，不留施工缝，在板与外墙交界线以上 200mm 高度，设置水平施工缝，采用钢板止水带，S6 抗渗混凝土并掺 UEA 膨胀剂浇捣。

b. 采用商品混凝土，提高混凝土密实度。

(a) 增加混凝土的密实度，是提高混凝土抗渗的关键所在，除采取必需的技术措施以外，施工前还应对振捣工进行技术交底，提高质量意识。

(b) 保证防水混凝土组成材料的质量：水泥——使用质量稳定的生产厂商提供的水泥；石子——采用粒径小于 40mm，强度高且具有连续级配，含泥量少于 1% 的石子；砂——采用中粗砂。

c. 掺用水泥用量 5%～7% 的粉煤灰，0.15%～0.3% 的减水剂，5% 的 UEA。

d. 根据施工需要，采用特殊防水措施：预埋套管支撑、止水环对拉螺栓、钢板止水带、预埋件防水装置、适宜的沉降缝。

(4) 结构混凝土

① 模板　本工程主楼现浇混凝土主要有地下室、水池防水混凝土，现浇混凝土框架、电梯井剪力墙及部分楼、地面，依据工程量大、工期紧、模板周转快的特点，拟定选用以早拆型钢木竹结构体系模板为主，组合钢模和木模板为辅的模板体系。

② 细部结构模板　为了提高细部工程（梁、板之间，梁、柱之间，梁、墙之间）的质量，达到顺直、方正、平滑连接的要求。在以上部位，采用特殊加工的薄钢板，同时改进预埋件的预埋工艺。

③ 抗震拉筋　本工程抗震设防烈度为 7 度，抗震等级为一级，根据抗震设计规范，选用拉筋预埋件专用模板。

④ 垂直运输　垂直运输选用 QTZ40C 自升式塔吊，塔身截面 1.4m×1.4m，底座 3.8m×3.8m，节距 2.5m，附着式支架设于电梯井北侧，最大起升高度 120m，最大起重量 4t，最大幅度 42m，最大幅度时起重量 0.965t，本塔吊在 8m、17m、24m、31m 标高处附着在主楼结构部位。

同时搭设 SCD120 施工升降机一台，两台八立柱扣件式钢管井架置于主楼南侧，作为小型机具、材料的垂直运输工具。

⑤ 钢筋

a. 材料。选用正规厂家生产的钢材。钢材进场时有出厂合格证或试验报告单，检验其外观质量和标牌，进场后根据检验标准进行复试，合格后加工成型。

b. 加工方法。采用机械调直切断，机械和人工弯曲成型相结合。

c. 钢筋接头。采用 UN100、100kV·A 闪光对焊机，电渣压力焊，局部采用交流电弧焊。

⑥ 施工缝及沉降缝

a. 地下室筏板。施工缝设在距底板上表面 200mm 高度处的墙体上。每个施工段内的底板及板上 200mm 高度以内的围护墙和内隔墙（约 700m³），均一次性纵向推进，连续分层浇筑。

b. 地下围护墙。一次浇筑高度为 3.0～3.3m 左右，外墙实物量约 1321m³，内墙实物量约 24～30m³，分四个作业面分层连续浇筑。水池壁一次成型。

c. 框架柱。在楼面和梁底设水平施工缝。为保证柱的正确位置，减少偏移，在各柱的楼板面标高处，用预埋钢筋的方法，固定柱子模板。

d. 现浇楼板。叠合板的现浇混凝土部分，单向平行推进。

e. 剪力墙。水平施工缝按结构层留置，一般不设垂直施工缝，如遇特殊情况，在门窗洞口的 1/3 处，或纵横墙交接处设垂直施工缝。

f. 施工缝的处理。在施工缝处继续浇筑混凝土时，已浇筑的混凝土抗压强度不应小于 $1.2N/mm^2$，同时需经以下方法处理。

(a) 清除垃圾、表面松动砂石和软弱混凝土，并加以凿毛，用压力水冲洗干净并充分湿润，清除表面积水；

(b) 在浇筑前，水平施工缝先铺上 15～20mm 厚的水泥砂浆，其配合比与混凝土内的砂浆相同；

(c) 受动力作用的设备基础和防水混凝土结构的施工缝应采取相应的附加措施。

⑦ 混凝土浇筑、拆模、养护

a. 浇筑。浇筑前应清除杂物、游离水。防水混凝土倾落高度不超过 1.5m，普通混凝土倾落高度不超过 2m。分层浇筑厚度控制在 300～400mm 之间，后一层混凝土应在前一层混凝土浇筑后 2h 以内进行。根据结构截面尺寸、钢筋密集程度分别采用不同直径的插入式振动棒及平板式、附着式振动机械，地下室、楼面混凝土采用混凝土抹光机（HM-69）HZJ-40 真空吸水技术，降低水灰比，增加密实度，提高早期强度。

b. 拆模。防水混凝土模板的拆除应在防水混凝土强度超过设计强度等级的 70% 以后进行。混凝土表面与环境温差不超过 15℃，以防止混凝土表面产生裂缝。

c. 养护。根据季节环境，混凝土特性，采用薄膜覆盖、草包覆盖、浇水养护等多种方法。养护时间：防水混凝土在混凝土浇筑后 4～6h 进行正常养护，持续时间不小于 14 天，普通混凝土养护时间不小于 7 天。

(5) 小型砌块填充墙

本工程砌体分为细石混凝土小型砌块外墙与泰柏板内墙（由厂家安装）两种。

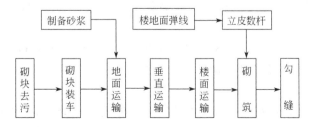

图 6-4　砌体施工的工艺流程

细石混凝土小型砌块按砌块工程施工规程进行砌体施工,其工艺流程如图 6-4 所示。

① 施工要点

a. 砌块排列。必须根据砌块尺寸和垂直灰缝宽度、水平灰缝厚度计算砌块砌筑皮数和排数,框架梁下和错缝不足一个砌块时,应用砖块或实心辅助砌块楔紧。

b. 上下皮砌块应孔对孔,肋对肋,错缝搭砌。

c. 对设计规定或施工所需要的孔洞、管道、沟槽和预埋件或脚手眼等,应在砌筑时预留、预埋或将砌块孔洞朝内侧砌。不得在砌筑好的砌体上打洞、凿槽。

d. 砌块一般不需浇水湿润,砌体顶部要覆盖防雨,每天砌筑高度不超过 1.8m。

e. 框架柱的 2 根 $\phi6mm$ 拉筋,应埋入砌体内不小于 600mm。

f. 砌筑时应底面朝上砌筑,灰缝宽(厚)度 8~12mm,水平灰缝的砂浆饱满度不小于 90%,垂直灰缝的砂浆饱满度不小于 80%。

g. 砂浆稠度控制在 5~7cm 之间,加入减水剂,在 4h 以内使用完毕。

② 其他措施 砌块到场后应按有关规定做质量、外观检验,并附有 28 天强度试验报告,并按规定抽样。

(6) 主体施工阶段施工测量

使用 S3 水准仪进行高程传递,实行闭合测设路线进行水准测量,埋设施工用水准基点,供工程沉降观测,楼房高程传递,使用进口的 GTS-301 全站电子速测仪进行主轴线检测。

① 水准基点、主轴线控制的埋设。水准基点,在建筑物的四角埋设四点;沉降观测点埋设于有特性的框架柱±0.00~0.200m 处;平面控制点按规范要求分别设在相关纵、横轴线上,沉降点构造按规范设置。

② 楼层高程传递,楼层施工用高程控制点分别设于三道楼梯平台上,上下楼层的六个水准控制点在测设时采用闭合双路线。

(7) 珍珠岩隔热保温层、SBS 防水屋面

① 珍珠岩保温层 待屋面承重层具备施工强度后,按水泥:膨胀珍珠岩为 1:2 左右的比例加适当的水配制而成,稠度以外观松散,手捏成团不散,只能挤出少量水泥浆为宜,本工程以人工抹灰法进行。

② 施工要点

a. 基层表面事先应洒水湿润。

b. 保温层平面铺设,分仓进行,铺设厚度为设计厚度的 1.3 倍,刮平后轻度拍实、抹平,其平整度用 2m 靠尺检查,预埋通气孔。

c. 在保温层上先抹一层 7~10mm 厚的 1:2.5 水泥砂浆,养护一周后铺设 SBS 卷材。

d. SBS 卷材施工选用 FL-5 型胶黏剂,再用明火烘烤铺贴。

e. 开卷后清除卷材表面隔离物,先在天沟、烟道口、水落口等薄弱环节处涂刷胶黏剂,铺贴一层附加层,再按卷材尺寸从低处向高处分块弹线,弹线时应保证有 10cm 的重叠尺寸。

f. 涂刷胶黏剂厚薄要一致,待内含溶剂挥发后开始铺贴 SBS 卷材。

g. 铺贴采用明火烘烤推滚法,用圆辊筒滚平压紧,排除其间空气,消除皱褶。

(8) 装修

当楼面采用叠合式现浇板时,内装修可视天气情况与主体结构交替插入,以促进提前预埋件、现浇构件的平整度着重检查、核对,及时做好相应的弥补或整修。

第六章 单位工程施工组织设计实例

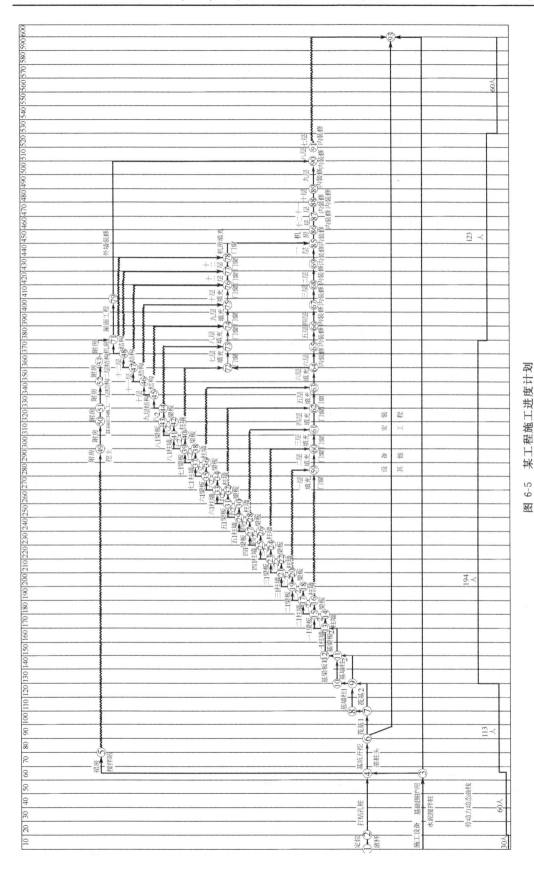

图 6-5 某工程施工进度计划

注：本工程分二段施工，二 1 墙柱，表示第二层第一段剪力墙柱；二 2 墙柱，表示第二层第二段框架梁及现浇叠合板；十一层结构表示现浇柱、梁、板。

① 检查水管、电线、配电设施是否安装齐全，对水暖管道做好压力试验。

② 对已安装的门窗框，采取成品保护措施。

③ 砌体和混凝土表面凹凸大的部位应凿平或用1:3水泥砂浆补齐；光滑的部位要凿毛或用界面剂涂刷；表面有砂浆、油渍污垢等应清除干净（油、污严重时，用10%碱水洗刷），并浇水湿润。

④ 门窗框与立墙接触处用水泥砂浆或混合砂浆（加少量麻刀）嵌填密实，外墙部位打发泡剂。

⑤ 水、暖、通风管道通过的墙孔和楼板洞，必须用混凝土或1:3水泥砂浆堵严。

⑥ 不同基层材料（如砌块与混凝土）交接处应铺钢丝网，搭接宽度不得小于10cm。

⑦ 预制板顶棚抹灰前用1:0.3:3水泥石灰砂浆将板缝勾实。

三、施工进度计划

1. 施工进度计划

根据各阶段进度绘制施工进度计划，如图6-5所示。

2. 施工准备

① 调查研究有关的工程、水文地质资料和地下障碍物，清除地下障碍物。

② 定位放样，设置必要的测量标志，建立测量控制网。

③ 钻孔灌注桩施工的同时，插入基坑支护、塔吊基础加固，做好施工现场道路及明沟排水工作。

④ 根据建设单位已经接通的水、电源，按桩基、地下室和主体结构阶段的施工要求延伸水、电管线。

⑤ 临时设施，见表6-7。主体施工阶段，即施工高峰期，除了利用可暂缓拆除的旧房做临时设施外，还可利用建好的地下室作职工临时宿舍。

⑥ 按地质资料、施工图，做好施工准备；根据施工进程及时调整相应的施工方案。

⑦ 劳动力调度，各主要阶段的劳动力用量计划见表6-8。

⑧ 主要施工机具见表6-9。

表6-7 临时设施

名　　称	计算量	结构形式	建筑面积/m²	备　　注
钢筋加工棚	40人	敞开式竹(钢)结构	24×5=120	3m²/人旧房加宽
木工加工棚	60人	敞开式竹(钢)结构	24×5=120	2m²/人
职工宿舍	200人	二层装配式活动房	6×3×10×2=360	双层床通铺
职工食堂	200人	利用旧房屋加设砌体结构工棚	12×5=60	
办公室	23人	二层装配式活动房	6×3×6×2=216	
拌和机棚	2台	敞开钢棚	12×7=84	
厕所		利用现有旧厕所	4×5×2=40	高峰期另行设置
水泥散装库	20t×2	成品购入	用地2.5×2.5×2=12.5	

表6-8 劳动力用量计划

专业工种	基　　础		主　　体		装　　修	
人数	人数	班组	人数	班组	人数	班组
木工	43	2	77	4	20	1
钢筋工	24	1	40	2		
混凝土工	37	2	55	2		
瓦工					24	1

续表

专业工种	基础		主体		装修	
抹灰工					56	3
架子工	4	1	12	1		
土建电工	2	1	4	1	2	
油漆工					18	1
其他	3	1	6		3	
小计	113		194		123	

注：表中砌体工程列入装修。

表 6-9 主要施工机具

序号	机具名称	规格型号	单位	数量	备注
1	潜水钻孔打桩机	电动式 30×2kW	台	1	备 ϕ800mm,ϕ1000mm,ϕ1100mm 钻头
2	泥浆泵(灰浆泵)	直接作用式 HB6-3	台	1	
3	污水泵		台	1	备用
4	砂石泵	与钻机配套	台	1	泵反循环排渣时
5	单斗挖掘机	W160,W2-100	台	1	地下室掘土
6	自卸汽车	QD351 或 QD352	辆		根据弃土运距实际组合
7	水泥搅拌机	JZC350	台	2	
8	履带吊或汽车吊	W1-50 或 QL3-16	台	2	吊钢筋笼
9	附着式塔吊	QTZ40C	台	1	
10	钢筋对焊机		台	1	
11	钢筋调直机	GT4-1A	台	1	
12	钢筋切割机	GQ40	台	1	
13	单头水泥搅拌桩机		台	2	用于围护桩
14	钢筋弯曲机	GW32	台	1	
15	剪板机	Q1-2020×2000	台	1	
16	交流电焊机	BS1-330 21kV·A	台	1	
17	交流电焊机	轻型	台	2	
18	插入式振动机	V30,V-38,V48,V60	台	7	其中 V-48 四台
19	平板式振动机		台	2	
20	真空吸水机	ZF15,ZF22	台	1	
21	混凝土抹光机	HZJ-40	台	1	
22	潜水泵	扬程 20m,153m³/h	台	3	备用 1 台
23	蛙式打夯机	HW60	台	2	
24	压刨	MB403 B300mm	台	1	
25	木工平刨	M506 B600mm	台	2	
26	圆盘锯	MJ225 ϕ500,ϕ300	台	2	
27	弯管机	W27-60	台	1	
28	手提式冲击钻	BCSZ,SB4502	台	5	
29	钢管	ϕ48mm	t	110	挑脚手 50t 安全网 10t,支撑 100t
30	井架(含卷扬机)	3.5×27.5kW	台	2	
31	人力车	100kg	辆	20	
32	安全网	10cm×10cm,宽 3m	m²	2000	
33	钢木竹楼板模板体系	早拆型	m²	2400	
34	安全围护	宽幅编织布	m²	2000	
35	竹脚手片	800×1200	片	2500	
36	电渣压力	14kW	台	1	
37	灰浆搅拌机	UJZ-2003m²/h	台	2	
38	混凝土搅拌机	3501	台	1	

⑨ 材料供应计划见表 6-10。

表 6-10 材料供应计划

材料名称		桩基工程/t	基础、地下室、主体及装修/t	总计/t
32.5 级硅酸盐水泥		710	5390	6100
钢筋	总量	78	928	1006
	$\phi6$	20	85	105
	$\phi8$	15	18	33
	$\phi10$		123	123
	$\phi12$		84	84
	$\phi14$	15.8	6.2	22
	$\phi16$	225		225
	$\phi18$	13.1	115.9	129
	$\phi20$	29	103	132
	$\phi22$		98	98
	$\phi24$		55	55

注：1. 表列两种材料不包括支护及其他施工技术措施耗用量。
2. 桩基工程两种材料，水泥在开工前 1 个月提供样品 20t，开工 5 天后，陆续进场，钢筋在开工前 10 天进场。
3. 基础地下室工程两种材料，水泥开工后第 40 天陆续进场，钢筋在开工前陆续进场。
4. 主体、装修工程两种材料，开工后按提前编制的供应计划组织进场。

四、施工平面布置图

1. 施工用电

施工机械及照明用电的测算，建设单位应向施工单位提供 315kV·A 的配电变压器，用电量规格为 380/220V（导线布置详见施工平面布置图）。

2. 施工用水

根据用水量的计算，施工用水和生活用水之和小于消防用水（10L/s），由于占地面积小于 5hm^2，供水管流速为 1.5m/s。

故总管管径选取 ϕ100mm 的铸铁管，分管采用 1″（1″=25.4mm）管，详见施工现场平面布置图，如图 6-6 所示。

3. 临时设施

有关班组提前进入现场严格按平面布置要求搭设临时设施。

4. 施工平面布置

因所需材料量大、品种多，所需劳动力数量大、技术力量要求高，为此需有相应的临时堆场及临时设施，由于施工场地比较小，这就要求整个施工平面布置紧凑、合理，做到互不干扰，力求节约用地、方便施工，且分施工阶段布置平面。办公室、工人临时生活用房采用双层活动房，待地下室及一层建好后逐步移入室内（改变平面布置以腾出裙房施工用地），从而也增加回转场地。（临时设施详见临设一览表及施工平面布置图）。

5. 交通运输情况

本工程位于市内主要交通要道，经常发生交通堵塞，故白天尽可能运输一些小型构件，一些长、大、重的构件宜放在晚上运输，并与交警联系，派一警员维持进场入口处的交通秩序。特别是在打桩阶段，废泥浆的外运必须在晚上进行，泥浆车密封性一定要好，以防止泥浆外漏污染路面，如有污染，应做好道路的冲洗工作，确保全国卫生城市和环保模范城市的形象。场内运输采用永久性道路。

第六章 单位工程施工组织设计实例

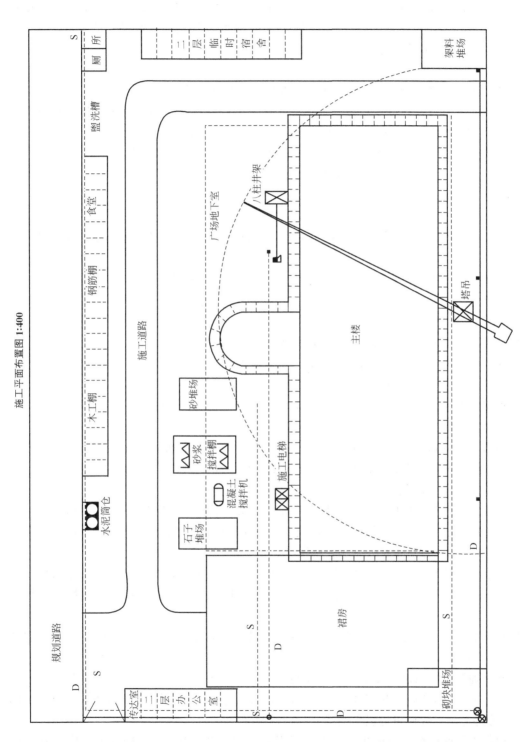

图 6-6 某工程施工现场平面布置图

五、施工组织措施

1. 雨期和冬期施工措施

工程所在地年降水总量达 1223.9mm，日最大降雨量达 189.3mm，时最大降雨量达 59.2mm，冬季平均温度≤5℃，延续时间达 55 天。为此设气象预报情报人员一名，与气象台（站）建立正常联系，做好季节性施工的参谋。

（1）雨期施工措施

① 施工现场按规划做好排水管沟工程，及时排除地面雨水。

② 地下室土方开挖时按规划做好地下集水设施，配备排水机械和管道，将雨水引入市政排水井，保证地下室土方开挖和地下室防水混凝土正常施工。

③ 备置一定数量的覆盖物品，保证尚未终凝的混凝土免受雨水冲淋。

④ 做好塔吊、井架、电机等设备的接地接零及防雷装置。

⑤ 做好脚手架、通道的防滑工作。

（2）冬期施工措施

根据本工程进度计划，部分主体结构工程、屋面工程和外墙装修工程施工期间将进入冬期施工阶段。

① 主体、屋面工程。掌握气象变化趋势，抓住有利的时机进行施工。

② 钢筋焊接应在室内进行，焊后的接头严禁立刻碰到水、冰、雪。

③ 闪光对焊、电渣压力焊应及时调整焊接参数，接头的焊渣应延缓数分钟后清除。

④ 搅拌混凝土时，禁止用有雪或冰块的水拌和。

⑤ 掺入既防冻又有早强作用的外加剂，如硝酸钙等。

⑥ 预备一定量的早强型水泥和保温覆盖材料。

⑦ 外墙抹灰采用冷作业法施工，在砂浆中掺入亚硝酸钠或漂白粉等化学附加剂。

2. 工程质量保证措施

① 加强技术管理，认真贯彻各项技术管理制度；落实好各级人员岗位责任制，做好技术交底，认真检查执行情况；积极开展全面质量管理活动，认真进行工程质量检验和评定，做好技术档案管理工作。

② 认真进行原材料检验。进场钢材、水泥、砌块、混凝土、预制板、焊条等建筑材料，必须提供质量保证书或出厂合格证，并按规定做好抽样检验；各种强度等级的混凝土，要认真做好配合比试验；施工中按规定制作混凝土试块。

③ 加强材料管理。建立工、料消耗台账，实行"当日领料、当日记载、月底结账"制度；对高级装饰材料，实行"专人检验、专人保管、限额领料、按时结算"制度；未经检验，不得用于工程。

④ 对外加工材料、外分包工程，认真贯彻质量检验制度，进行质量监督，发现问题及时整改，实行质量奖罚措施。

⑤ 严格控制主楼的标高和垂直度，控制各分部分项工程的操作工艺，完工后必须经班组长和质量检验人员验收，达到预定质量目标签字后，方准进行下道工序施工，并计算工作量，实行分部分项工程质量等级与经济分配挂钩制度。

⑥ 加强工种间的配合与衔接。在土建工程施工时，水、卫、电、暖等工程应与其密切配合，设专人检查预留孔、预埋件等位置、尺寸，逐层检验，不得遗漏。

⑦ 装饰。高级装修面料或进口材料应按施工进度提前两个月进场，以便分类挑选和材

质检验。

⑧ 采用混凝土真空吸水设备、混凝土楼面抹光机、新型模板支撑体系及预埋管道预留孔堵灌新技术、新工艺。

3. 保证安全施工措施

严格执行各项安全管理制度和安全操作规程,并采取以下措施。

① 沿建筑外的主路的附房,距规划红线外7m处(不占人行道)设置2.5m高的通长封闭式围护隔离带,通道口设置红色信号灯、警告电铃及专人看守。

② 在三层悬挑脚手架上,满铺脚手片,用钢丝与小横杆扎牢,外扎80cm×100cm竹脚手片,设钢管扶手,钢管踢脚杆,并用塑料编织布封闭。附房部分,设双排钢管脚手架,与主楼悬挑架同样围护,主楼在三层楼面标高处,支撑挑出3m的安全网。井字架四周用安全网全封闭围护。

③ 固定的塔吊、金属井字架等设置避雷装置,其接地电阻不大于4Ω,所有机电设备,均应实行专人负责。

④ 严禁由高处向下抛扔垃圾、料具、物品;各层电梯口、楼梯口、通道口、预留洞口设置安全护栏。

⑤ 加强防火、防盗工作,指定专人巡检。每层要设防火装置,每逢"三层"、"六层"、"九层"设一临时消防栓。在施工期间严禁非施工人员进入工地,外单位来人要专人陪同。

⑥ 外装饰用的施工吊篮,每次使用前检查安全装置的可靠性。

⑦ 塔式起重机基座、升降机基础、井字架地基必须坚实,雨期要做好排水导流工作,防止塔、架倾斜事故,作业前必须仔细检查悬挑的脚手架牢固程度,限制施工荷载。

⑧ 由专人负责与气象台(站)联系,及时了解天气变化情况,以便采取相应技术措施,防止发生事故。

⑨ 以班组为单位,作业前举行安全例会,工地逢"十"召开由班组长参加的安全例会,分项工程施工时,由安全员向班组长进行安全技术书面交底,提高职工的安全意识和自我防护能力。

4. 现场文明施工措施

① 以后勤组为主,组成施工现场平面布置管理小组。加强材料、半成品、机械堆放、管线布置、排水沟、场内运输通道和环境卫生等工作的协调与控制,发现问题及时处理。

② 以政工组为主,制定切实可行、行之有效的门卫制度和职工道德准则,对违纪和败坏企业形象的行为进行教育,并作出相应的处罚。

③ 在基础工程施工时,结合工程排污设施,插入地面化粪池工程施工,主楼进入三层时,隔两层设置临时厕所,用$\phi150mm$铸铁管引入地面化粪池,接市政排污井。

④ 合理安排作业时间,限制夜间施工时间,避免因施工机械产生的噪声影响四周市民的休息,必要时采取一定的消声措施。白天工作时环境噪声控制在55dB以下。

⑤ 沿街围护隔离带(砖墙)用白灰粉刷,改变建筑工地面貌。

5. 降低工程成本措施

① 对分部分项工程进行技术交底,规定操作工序,执行质量管理制度,减少返工以降低工程成本。

② 加强施工期间定额管理,实行限额领料制度,减少材料损耗。在定额损耗限额内,实行少耗有奖、多耗要罚的措施。

③ 采用框架柱预埋拉筋、预留管道堵孔新技术，采用早拆型钢木竹结构模板体系，采用悬挑钢管扣件脚手技术，提高周转材料的周转次数，减少施工投入。

④ 在混凝土中应加入外加剂，以节约水泥，降低成本。

⑤ 钢筋水平接头采用闪光对焊，竖向接头采用电渣压力焊。

⑥ 利用原有旧房做部分临时设施，采用双层床架以减少临设费用，施工高峰期时，利用新建楼层统一安排施工临时用房。

第三节　框架剪力墙工程施工组织设计

一、工程概况

以某大学教学科研楼为例，介绍施工组织设计。

① 建筑设计概况该工程建筑面积1364m^2，0.000为绝对标高51m，由某大学建筑设计院设计。

1—13轴线的A—E轴之间为科技开发楼，东西长47.1m，宽18.85m，地下2层，地上10层，局部为12层。地下2层为人防层，层高3.3m，建筑面积969m^2，人防通道面积为63m^2，地下一层为办公楼和热交换站，层高3.6m，1～6层为教室，7～10层为实验室及办公室，11层设有电梯机房及电视前端室，12层为会议室，顶层为水箱间。首层高为4.2m，5～10层高3.9m，其余层高3.6m。

4—10轴线的E—K轴为多功能厅，南北长为327m，宽18m；地下一层为人防层；首层为通道及车库，通道净高为4.8m；二层为学生食堂，层高4.8m；三层为会议室，层高3.6m；四层为多功能厅，层高4.8m。

教学科研楼外墙面为JZ—C无机保温浆料外墙保温、花岗石贴面。

室内装修：内墙有贴面砖、普通抹灰、耐擦洗涂料等。

楼地面做法：细石混凝土面层、水泥砂浆面层、普通水磨石及美术水磨石几种。

顶棚：平滑式顶棚，刮腻子喷耐擦洗涂料，部分采用轻钢龙骨吊顶，板材为纸面石膏板。

门窗：铝合金窗，窗扇为推拉扇。

屋面：屋面采用（Ⅰ+Ⅱ）SBS防水卷材，地下室底板与墙体防水采用SBS—防水卷材。

② 结构设计概况该工程结构为框架剪力墙结构，抗震设防烈度为8度设防，人防等级为5级人防。基础为钢筋混凝土箱形基础，在E—P轴之间没有混凝土后浇带，A—F轴之间混凝土底板厚650mm（标高—6.035m），F—K轴之间底板厚500mm。

二、施工部署及工程进度计划

（1）施工段计划

本工程划分成两个施工段，A—D轴为一段，E—F轴为一段；E—K轴在—2.70m标高处设一道水平施工缝，外侧混凝土墙体在此标高处设止水栅。

（2）施工顺序

① 进场后及时进行水准点和坐标点的引测，确定建筑物轴线和高程控制点，进行施工平面布置，按计划组织劳动力和机械设备进场。

② 划分出基坑边线。组织专业队进行井点降水，土方施工队进场。

③ 采用钢筋混凝土灌注桩护坡，附着式塔式起重机。基础采用钢筋混凝土钻孔槽注桩，应及时施工，基础结构施工前安装好塔式起重机。

④ 基坑开挖中及时进行，验槽（A—D 轴一次，E—K 轴一次）。验槽后应及时进行基坑垫层混凝土施工，及时做好防水层、保护层和基础混凝土结构，及时做好地下室外墙防水和填土工程。

⑤ 地下室部分施工完毕后，应及时进行验收，主体结构施工至四层时，安装电梯，插入内墙砌筑。四层结构封顶时，组织中间结构验收，及时插入室内装修，以节省工期。

⑥ 装修阶段沿建筑物外沿搭设双排钢管扣件式脚手架，用于室外装修。

⑦ 装修时应合理安排各工种作业，及时插入施工。土建与水、电工种密切配合，穿插作业。

（3）施工进度　安排根据合同中对工期的要求，对施工进度安排如下。

本工程于 2012 年 4 月 10 日开工，2013 年 6 月 30 日前完成基础工程及地下室工程，于 2012 年 9 月 5 日前完成四层结构，整个结构于 2012 年 11 月 20 日完成。装修工程于 2012 年 8 月 20 日插入，于 2013 年 6 月 12 日完成，总工期 428 天，工程项目进度计划见图 6-7。

三、主要分部分项工程施工方法及技术措施

本工程施工顺序按"先地下，后地上"、"先主体，后装修"、"先结构，后围护"的顺序

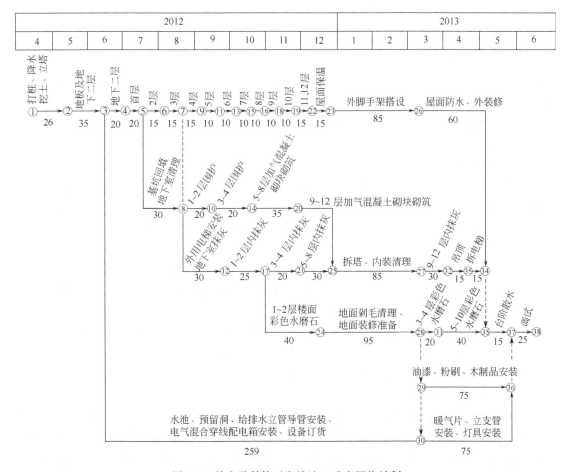

图 6-7　某大学科技开发楼施工进度网络计划

进行，为缩短工期，在多功能厅部分完工后穿插装修工程。主要分部分项工程施工方法及技术措施如下。

1. 基础工程阶段

(1) 施工工艺流程

定位放线→复核验线→井点降水→灌注桩护坡→土方开挖→验槽→混凝土垫层→找平层→防水层施工→保护层施工→支地下室外墙部分边模→检验→弹钢筋位置线→检验→墙柱支模→检验→浇筑墙、柱混凝土→拆模、养护→地下二层顶板模板→绑扎地下二层顶板钢筋→浇筑顶板混凝土→养护→地下一层钢筋混凝土结构施工→回填土。

(2) 划分流水施工段

该工程钢筋混凝土板设后浇带。地下室按平面划分两个流水施工段，进行流水施工。

(3) 土方开挖

根据地质资料，地下水位标高为-3.5m，基底标高为-6.7m，为保证基础工程正常施工，在定位放线后，进行人工降水，采用一般轻型井点。在北侧与第一教学楼相邻处有23根钻孔混凝土护坡桩。土方开挖采用机械大开挖，挖土至基底上30cm处进行人工清槽，防止扰动持力层，基坑土方开挖钎探后应及时进行验槽。

(4) 混凝土工程

设计要求0.000以下，所有混凝土结构均采用商品混凝土，有防水要求部分的混凝土采用S_8C_{35}防水混凝土。

防水混凝土施工采用商品混凝土，混凝土垂直运输采用混凝土泵。以后浇带为分界线，分两段施工，混凝土浇筑采用全面分层浇筑。为控制水泥中水化热对混凝土底板质量的影响，在混凝土中掺入防水剂和粉煤灰。地下室混凝土施工时，施工缝在如下部位设置：后浇带处；外墙水平施工缝距底板30cm处；墙高及顶板下皮处；多功能厅地下室由于层高6m，在-2.7m处设一道水平施工缝，水平施工缝处施工缝构造采用钢板止水带，后浇带垂直施工缝采用橡胶止水带。

(5) 模板工程

为了保证浇筑质量达到清水墙的质量标准，地下室顶板采用12mm厚的竹胶合板模板，500mm×100mm方木做格栅；采用满堂架子作墙体及顶板模板的支撑体系；墙体模板配以φ12mm穿墙螺栓间距600mm×600mm，外墙穿墙螺栓应有钢板止水片。

(6) 钢筋工程

钢筋连接采用绑扎、焊接及冷挤压连接。根据设计要求，直径大于22mm时采用闪光对焊或冷挤压套筒连接，竖向钢筋采用电渣压力焊。为了保证钢筋位置准确，底板钢筋应架设马凳，墙插筋与底板交接处应增设定位钢筋，并与底板筋焊牢，以防根部钢筋位移。钢筋检查验收时应认真核对钢筋数量、级别、直径、间距、搭接长度、焊缝长度、锚固长度、保护层厚度、预埋件位置、预埋洞口大小及位置、附加钢筋数量、位置及长度。

墙体双层网片设S形拉结钢筋，其间距为200mm。

(7) 地下室卷材防水工程

地下室柔性防水卷材采用SBS防水卷材，施工时采用外贴法。在垫层四周砌（底板厚+300mm）外墙永久保护墙，墙内侧抹水泥砂浆2mm厚，先铺底板及永久保护墙部分的卷材，四周留出接头，并予以保护。待混凝土外墙施工完毕并干燥后，再粘贴外墙卷材，然后再砌永久保护墙。本工程由专业防水施工队施工，操作人员持证上岗。

2. 主体结构施工

(1) 施工工艺流程

首层放线→复验线→首层柱绑扎钢筋→检验→支柱模板→浇柱混凝土→拆模→养护→支梁板模板→检验→绑扎梁板钢筋→检验→浇筑梁板混凝土→养护→二层楼板放线→各层按此顺序施工→封顶。

(2) 流水段划分

主体结构施工时划分为两个施工段,以后浇带为界。

(3) 混凝土工程

本工程采用泵送混凝土。施工时应保证混凝土浇筑时连续作业;柱、墙浇筑混凝土前,应在其底部先铺 50~100mm 厚与混凝土相同配合比的水泥砂浆。柱、墙混凝土应分层浇筑,每层厚度不大于 50cm,柱子混凝土浇至梁底 20mm 处,大梁混凝土可单独浇筑,施工缝留有板底 20~30mm 处。混凝土板采用平板式振捣器振捣,肋形楼板混凝土浇筑沿次梁方向,施工缝留在次梁跨中 1/3 范围内,施工缝应与梁轴线垂直,并与板面垂直,用钢板网挡牢。

(4) 钢筋工程

本工程为钢筋混凝土剪力墙结构,梁、墙柱钢筋锚固长度为 35 天,搭接长度为 45 天。A—D 轴线钢筋必须采用闪光对焊或冷压套筒连接。柱钢筋可采用电渣压力焊接头,接头位置应相互错开,钢筋相邻接头间距不少于 35 天。

(5) 砌筑工程

本工程外围护墙采用加气混凝土砌块。砌筑前先做好地面垫层,然后先砌踢脚板高度范围内的黏土砖墙基。砌前按实际尺寸和砌块规格画出砌块排列图。不够整块的可以锯成需要的规格,但不得小于砌块长度的 1/3。最下一层砌块灰缝大于 20mm 时,应用细石混凝土找平铺砌,浇筑时应设拉结钢筋。

3. 装饰工程

(1) 楼地面工程

本工程楼地面做法有:细石混凝土地面,水泥砂浆地面,地砖面层,水磨石地面。其中现制水磨石面层施工量大,施工时应控制好原材料:水泥应为同一批号水泥,水泥中掺入 3%~6% 的耐酸、耐碱的矿物颜料。分格条采用钢条,水泥浆表面应高出分格条顶 1~2mm,分格条应平直、接头牢固。施工时水磨石料即水泥石子浆应拍平、滚压,用磨石机分三道磨光。

(2) 外墙面砖

外墙面砖在大面积施工前先做样板,得到设计和监理部门认可后可大面积展开。镶贴时前排砖弹线,尽可能不出现非整砖情况,当无可避免非整砖情况时,应对洞口稍作移动解决。外墙面砖施工前对墙面进行浇水,并将面砖在水中浸泡。镶贴前刷 TG 胶一遍,其配合比为 TG:胶:水泥=1:4:1.5。然后再用 TG 砂浆打底拉毛,再刮素浆一道(内掺107胶 5%),然后抹砂浆结合层,再镶贴面砖,勾缝用 1:1 水泥砂浆。

(3) 屋面工程

屋面做法选用"屋35改",保温层 150mm 厚水泥聚苯板,(Ⅰ+Ⅱ)型 SBS 卷材防水,科技楼为内排水。为保证防水质量,做到不渗漏,施工时应保证基层干燥,含水率在 9% 以内,并在管根转角处和排水口部位,应铺加附加层,保证不渗滑。施工时应严格每道工序检查，并做好隐蔽检查记录。

（4）水暖电工程

① 施工前认真熟悉图纸和标准图集。预留、预埋位置必须符合设计图纸及标准图集中的要求，做到事后不剔凿。

② 电气管及管盒必须与板底主筋连接。

③ 排水管道要保证安装主管垂直偏差不大于3mm，横臂顺直，坡度为1.5%，严禁逆坡。地漏应低于室内标高，找坡后低于室内5～10mm，安装前应计算好标高。

④ 水暖与通风等系统施工完工后应做好试水工作，卫生间、厕所等做闭水试验，认真做好各项记录和调试工作。

⑤ 水、暖、通、电专业严格按专业施工方案进行施工。

四、施工准备工作

1. 项目经理部的组建与职责分工

（1）项目经理部的组建

选派具有丰富施工经验的施工管理人员和工程技术人员进驻现场，项目经理部组成情况见图6-8。

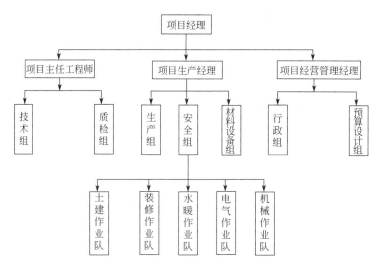

图6-8 项目经理部的组成

（2）职责分配

经公司研究，决定各级管理人员职责，建立质量责任制和安全责任制，成立质量、安全、技术、消防、环保环卫辅导小组，做好施工准备。做到事事有人管，具体工作要落实。

2. 技术准备

① 组织有关人员认真熟悉图纸，组织好图纸会审工作。

② 施工前编制详细的施工组织设计，并编制好质量保证计划，明确质量目标，有效地进行质量控制。

③ 现场测量放线人员协助甲方技术部门确定水准点位置，核定坐标点，为测量控制提供依据。

④ 组织好设计交底，熟悉分部分项工程施工方案，明确施工方案的验评标准，并组织

有关人员学习领会。

⑤ 编制好项目施工图预算，组织材料进场，加强成本控制，做到内业控制和指导外业。

五、采用新技术、新工艺和新材料

① 剪力墙采用大模板施工。

② 直径 16mm 以上钢筋连接采用电渣压力焊（竖向钢筋）和冷挤压套筒连接（水平钢筋）。

③ 采用商品混凝土，垂直运输泵送混凝土。

④ 混凝土中掺入外加剂，以改善混凝土性能。

六、保证进度措施

本工程计划开工时间为 1998 年 4 月 10 日，竣工日期为 1999 年 6 月 12 日。日历工期 428 天，为确保工程进度，应重点抓好以下几个方面工作。

1. 组织保证措施

① 此项工程作为公司重点项目进行管理，组织有多年建筑施工经验的技术人员组建精干的项目经理部。

② 挑选具有多年施工经验的技术工人，组成作业班组（如木工、瓦工、钢筋工、装修工）。

③ 为确保工期，一般情况下每天两班作业，麦收和秋收期间不放假，保证工程连续施工。

④ 建立会议制度（生产调度会）。项目经理每日召开生产碰头会，检查日作业计划，及时解决施工问题，责任到人。

2. 制订科学合理的施工网络计划

找出关键线路及关键工作，制订详细的月、旬、日作业计划，制订工期奖罚制度，确保工期目标的实现。

① 采用先进的施工技术方法，加大科技含量。

② 合理地组织施工。在基础施工时安装塔式起重机，为创造施工条件，组织流水施工作业，在各工序之间合理地进行搭接施工，缩短整体施工工期。

3. 人力、物力、机具、设备和资金保证

① 投入足够的人力、物力、财力以保证施工中各种材料，机具和设备的要求。

② 制订合理的材料和设备进行出场计划。对工程所需材料，尽早安排，不因材料供应问题而影响工期。

4. 搞好三个配合

① 与建设单位搞好配合，为建设单位工作提供方便，尊重建设单位意见，团结协作，不找麻烦。

② 与监理单位搞好配合，认真接受监理单位的监督与检查，加强工程控制，完成项目目标。

③ 与设计单位搞好配合，认真细致地搞好图纸会审工作，发现问题及时与设计单位联系，把问题及时解决在施工之前。

七、质量目标及保证措施

1. 质量目标

本工程质量目标为北京市优质工程。

2. 质量保证措施

① 建立强有力的质量保证体系。建立以项目经理、主任工程师和质量控制员为主的质量管理、技术管理和质量监督三大组织。

② 配备具有多年管理经验的专职质量检查人员，实行质量否决权。

③ 制定检查评比奖罚制度，抓好检查评比，加大奖罚力度。

④ 实行自检、互检、交接检。每一道工序都有严格检查，确保每一道工序质量。

⑤ 做好各种材料试验及各项检测工作。严格执行质量标准、认真进行检试验，加强材料质量控制。

⑥ 认真进行图纸会审，技术交底、材料试验和隐蔽验收等技术管理工作。严格按有关文件要求，及时做好技术资料信息管理工作。

⑦ 在装修工程中，控制装修质量、控制工序质量标准、控制内外线角、控制细部处理、做好样板间。做到分项挂牌施工，操作人员名字上墙，奖优罚劣。

⑧ 认真推广新技术、新工艺和新材料，并加强对新材料、新技术和新工艺的管理，确保质量。

⑨ 加强质量控制点的管理。本工程的主要质量控制点如下。

a. 加强测量放线质量管理，严格控制标高、垂直度、轴线位置。

b. 加强混凝土工程质量管理。严格执行混凝土搅拌制度，保证浇筑质量，加强养护，坚持拆模强度标准。

c. 加强对钢筋、水泥等主要材料、防水材料以及装饰材料的质量检测。

d. 对装饰工程中质量通病加强预防和控制。

e. 加强回填土质量控制，把好土料选择和压实标准等质量关。

f. 加强成品保护工作。

g. 加强屋面、卫生间和地下室防水的质量管理。

h. 加强水、电、暖、通安装的质量控制。

八、安全目标及安全生产保证措施

1. 安全目标

杜绝重大伤亡事故，一般事故率不超过2‰，现场达到北京市文明安全工地标准。

2. 安全生产保证措施

① 建立以项目生产副经理为第一责任者的安全生产责任制；设一名专职安全员，负责安全生产的具体管理工作，贯彻"安全第一，预防为主"的方针。

② 认真执行施工现场安全防护标准，落实安全生产责任制。

③ 坚持每周一次安全会，加强对职工进行安全教育，安排生产时同时布置安全工作。

④ 现场有安全标志，且安全标志应符合国家标准。

⑤ 工程开工前，根据分部分项工程的不同特点，进行安全技术交点。

⑥ 施工现场临时用电装置执行三相五线制，一机一闸保护。手持电动工具必须执行二级保护，全面执行《施工现场临时用电安全规范》。

⑦ 安全防护网按有关规定搭设，认真执行"四保四口"（安全帽保护、安全网保护、安全棚保护、漏电保护器保护；预留洞口、门窗口、楼梯口、电梯口）制度，四周实行全封闭防护。

⑧ 塔式起重机配齐保险装置，即四限位两保险（有超高、变幅、行走和及力矩限位器；

有吊钩保险和卷筒保险）。起重机调试后要经有关部门验收，方能使用。所有电机设备均安装漏电保护器，并有避电措施。

⑨ 做好安全防火工作。消火栓布置应符合防火要求，临时设施间距符合安全距离，现场用火经保护人员签发动火证，并有专人看火。

⑩ 安排职工生活。严防食物中毒或煤气中毒。夏季搞好防暑降温，保证职工身体健康。

⑪ 按三级安全生产管理规定，严格检查和考核安全工作，主要检查人的不安全行为，物的不安全状态，加强作业环境的安全保护。根据考核结果，奖罚分明。

九、施工现场管理

1. 文明施工措施

① 在工地现场明显位置处设明示板。具体内容包括：现场施工平面布置图，工程标牌，安全生产管理制度，消防保卫制度，场容环保制度。内容详细，字迹工整、清晰，搞好文明施工管理。

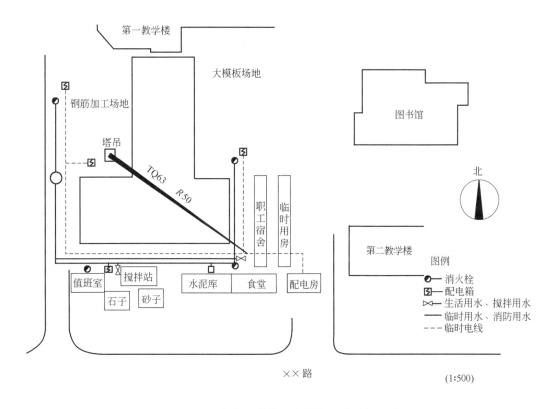

图 6-9 某大学科技开发楼施工平面布置图

② 现场文明施工。严格按图 6-9 所示的施工平面图布置现场，材料堆放整齐，运输道路通畅，砂、石堆场地面平整坚实，水、电布置线路尽可能紧凑，场地排水畅通。

③ 现场详细划分责任区，包干到人，各负其责。

④ 每月检查一次，对各责任区进行评比，达不到要求的限期改正。宣传栏和板报及时表扬好人好事。

2. 环保环卫工作

① 严格按北京市有关规定做好环境保护工作。混凝土搅拌机及场地清洗污水，施工机

械废水不能随意排放，并应及时清理施工垃圾。

② 认真执行《中华人民共和国施工临界噪声限制》的规定，合理安排作业时间，减少噪声影响。

3. 保卫与消防工作

① 现场设警卫室，建立和完善现场巡逻制度。

② 做好材料库保卫工作，同时做好临时设施中水电设施、消防设施等看护工作，实行昼夜值班，进出人员需佩戴出入证，发现有破坏现象应及时制止，重点案件及时报告公安机关。

③ 消防器材和设备齐全，定期检查。

十、主要机具、设备计划

工程选用的主要机具和设备见表6-11。

表6-11 工程选用的主要机具和设备

机械名称	数 量	型 号	机械名称	数 量	型 号
塔式起重机	1台		振捣棒	6套	
混凝土搅拌机	1台	500L	电动套丝机	1台	
砂浆搅拌机	2台		气割枪	2套	
混凝土搅拌机	1套	PL800A	砂轮切割机	2台	
钢筋弯曲机	1台		钢筋冷挤压设备	2套	
钢筋冷拉设备	1套		台钻	1台	
电焊机	3台		外用电梯	1台	双笼
电锯	1台		钢井架	1套	
电刨	1台		水准仪	1台	
蛙式打夯机	3台		经纬仪	1台	
平板式振动器	2台		混凝土输送泵	2台	HBT80
钢筋对焊机	1台		卷扬机	3台	1.5～3t
装载机	1台		钢架管	200t	
钢筋切断机	1台	100kW	脚手板	500块	

十一、主要工种劳动力需要量计划

主要工种劳动力需要量计划见表6-12。

表6-12 主要工种劳动力需要量计划

主 体 阶 段		装 修 阶 段	
工种	人数	工种	人数
钢筋工	30	抹灰工	90
木工	40	油漆工	30
混凝土工	20	木工	20
架子工	10	水暖工	30
瓦工	30	电工	20
电工	4	机械工	5
水暖工	4	架子工	15
焊工	3	焊工	3
机械工	6		
起重工	5		
合计	152	合计	213

参 考 文 献

[1] 浩明,郭帮海主编. 建筑施工现场管理全书. 北京:中国建材工业出版社,1999.
[2] 刘小平主编. 建筑工程项目管理. 北京:中国教育出版社,2000.
[3] 张贵良,牛季牧主编. 施工项目管理. 北京:科学出版社,2004.
[4] 刘伊生编著. 建设项目管理. 北京:北方交通大学出版社,2001.
[5] 黄展东编. 建筑施工组织与管理. 北京:中国环境出版社,1994.
[6] 建筑施工手册编写组. 建筑施工手册. 北京:中国建筑工业出版社,2003.
[7] 危道军主编. 建筑施工组织. 北京:中国建筑工业出版社,2013.
[8] 方先和主编. 建筑施工. 武汉:武汉大学出版社,1991.
[9] 吴根宝主编. 建筑施工组织. 北京:中国建筑工业出版社,1999.
[10] 中国建设监理协会. 建设工程监理概论. 北京:知识产权出版社,2003.
[11] 全国监理工程师培训教材编写委员会. 工程建设进度控制. 北京:中国建筑工业出版社,2004.
[12] 彭圣浩. 建筑工程施工组织设计实例应用手册. 北京:中国建筑工业出版社,1999.
[13] 蔡学峰. 建筑施工组织. 第3版. 武汉:武汉理工大学出版社,2008.
[14] 汪绯. 建筑施工组织. 北京:化学工业出版社,2012.